行车式喂料设备

鸡笼、料槽、乳头式饮水等设备

海兰蛋鸡　　　　　　　　　海赛克斯褐壳蛋鸡

罗斯褐壳蛋鸡

新型职业农民培育·农村实用人才培训系列教材

蛋鸡饲养与疾病防治新技术

恿　贤　李志鹏　王文宁　屈仲文　等著

中国农业科学技术出版社

图书在版编目（CIP）数据

蛋鸡饲养与疾病防治新技术／惠贤等著．—北京：中国农业科学技术出版社，
2015. 12

ISBN 978 - 7 - 5116 - 2438 - 3

Ⅰ.①蛋…　Ⅱ.①惠…　Ⅲ.①卵用鸡 – 饲养管理②卵用鸡 – 鸡病 – 防治
Ⅳ.①S831.4②S858.31

中国版本图书馆 CIP 数据核字（2016）第 317395 号

责任编辑	闫庆健　孟宪松
责任校对	贾海霞

出 版 者	中国农业科学技术出版社
	北京市中关村南大街 12 号　邮编：100081
电　　话	（010）82106632（编辑室）　（010）82109704（发行部）
	（010）82109709（读者服务部）
传　　真	（010）82106625
网　　址	http://www.castp.cn
经 销 者	各地新华书店
印 刷 者	北京富泰印刷有限责任公司
开　　本	710mm ×1 000mm　1/16
印　　张	9. 75　彩插 2 面
字　　数	170 千字
版　　次	2015 年 12 月第 1 版　2017 年 2 月第 2 次印刷
定　　价	25. 00 元

《蛋鸡饲养与疾病防治新技术》
编 委 会

主　　任　李宏霞

副 主 任　杜茂林　恿　贤

编　　委　陈　勇　姚亚妮　海小东　王锦莲

　　　　　窦小宁　王文宁

著者名单

主　　著　恿　贤　李志鹏　王文宁　屈仲文

副 主 著　郭建平　冯　祎　朱新忠　王宏斌

　　　　　王宽余　禹全喜

参　　著　胡爱平　徐　艳　陶文焰　陈　勇

　　　　　姚亚妮　海小东　王锦莲　牛道平

　　　　　窦小宁　周彦明　雍海虹　马志成

　　　　　张金文　蔡晓波

前　　言

　　鸡的养殖是畜牧业的重要组成部分，在人类的肉、蛋、奶三大蛋白质来源中，鸡不但可以提供蛋，还是肉类的主要来源之一。随着我国经济、社会的发展，工业化、信息化、城镇化及农业现代化步伐日益加快，为了提高新形势下农民科学饲养鸡的技术水平，促进养鸡业的发展，扩大农民就业，增加农民收入，提高农村经济发展水平，我们撰写了此书，旨在通过培训推广普及科学养鸡知识和信息，促进养鸡业健康发展。

　　本书内容包括：国内蛋鸡养殖业发展趋势与前景，规模化养鸡场的建设，鸡的生物学特性及蛋鸡优良品种介绍，蛋鸡的饲养管理、疫病防治措施，鸡病临床诊断技术，鸡的病毒性传染病，鸡的细菌性传染病，鸡的其他疾病，养鸡场常用药物，鸡常用饲料种类、配制与饲喂注意事项，蛋鸡的保健与卫生管理，鸡蛋的基础知识，蛋鸡场生产与经营管理，鸡场废弃物科学处理与环境保护，蛋鸡养殖场标准化示范创建的简要介绍，我国蛋鸡主推技术模式介绍，10万只蛋鸡园区建设方案共十八章。

　　本书著者长期从事畜牧业工作，在总结实践经验的基础上，参阅大量的参考文献，该书体现了科学性、先进性和实用性等特点，通俗易懂，贴近生产实际，可操作性强，是一本适用于新型职业农民及农村实用人才的培训教材，也适合广大畜牧科技工作者参阅学习。由于著者学术水平有限，不足甚至错误之处在所难免，恳请读者在学习使用中提出宝贵意见，以便及时修正完善。

著　者

2015 年 2 月

目　　录

第一章
我国蛋鸡养殖业发展趋势与前景

根据北京峪口鸡业报道资料，我国蛋鸡产业在总量上已连续多年位居世界首位，人均鲜蛋消费超过世界平均水平，蛋鸡养殖业因较高的生产效率和质优价廉的产品，在改善人民生活水平和维护物价稳定上，起着举足轻重的作用。但是，受蛋鸡产业发展的历史，我国经济社会发展所处的阶段及人们的消费习惯与消费能力等诸多因素影响，我国蛋鸡产业当前已进入加速整合期：其他行业资本进入，大中型蛋鸡生产企业进一步发展，小规模养殖主体比较效益下降加速其退出市场，环控设备广泛应用，生物安全理念逐渐深入人心。规模化饲养、标准化管理、专业化生产和产业化运作，成为行业发展趋势。

第一节　我国蛋鸡行业近年变化趋势

一、祖代蛋种鸡场

在市场上比较有影响力的祖代蛋种鸡场 5～6 家，呈现出集中化的趋势。同时，自 2008 年以来，引进国外品种的祖代蛋种鸡场家逐年减少，由 2008 年的 18 家减少到 2013 年的 12 家。进口祖代鸡引种数量也呈逐年递减的趋势，由 2008 年的 39 万套降至 2012 年的 26 万套，2013 年引种量预计在 30 万套之内。

饲养国内自主品种的祖代场家规模不断扩大，峪口的 3 个祖代蛋种鸡场轮换使用，每个场 12.5 万套规模，年进祖代鸡 25 万套。优秀国产蛋鸡已占据半壁江山，充分保证了我国蛋鸡种质资源的安全，提高了我国蛋鸡产业的国际地位。

近两年全国祖代鸡年引种量基本保持在 55 万套左右，在产祖代蛋种鸡年均存栏在 45 万套左右。由于父母代蛋种鸡场引种时间主要集中在春、秋两个旺季，祖代场全年平均种蛋利用率在 70% 左右，且因近几年父母代雏鸡全年销售均价都低于生产成本，从事祖代蛋种鸡生产基本没有盈利。

二、父母代蛋种鸡场

近几年，父母代蛋种鸡场呈现出小户退出、中户发展、大场扩产的特征，同时从事商品蛋鸡或青年鸡饲养的父母代鸡场也有所增加。

全国父母代蛋种鸡场（不含祖代自养）从 2009 年的 1 162 户减少至 2013 年的 730 户，4 年间净减少了 432 户，平均每年净减少 108 户。生存下来的父母代蛋种鸡场年引种总量却变化不大，由 2009 年的 1 209 万套降到 2013 年的 1 162 万套，只减少了 47 万套，年均减少 10 万余套。说明父母代小户退出的同时大户在增加规模，户均年引种量更能说明这个问题。另据调查数据显示，近几年祖代场自养父母代种鸡持续增量，年引种量从 2009 年的 382 万套增加到 2013 年的 651 万套，平均年增约 67 万套，年均增幅达 15%。导致近几年父母代蛋种鸡年引种总量总体上呈现小幅增加的趋势，父母代鸡场之间的竞争也日趋激烈，经营业绩相应有所下降。

三、商品代蛋鸡场

近年来，我国农民劳务收入大幅增加，商品代蛋鸡养殖的比较效益不断下降，同时养殖市场的波动与疫病的风险，让过去以脱贫致富为目的进入商品蛋鸡养殖的小户加速退出。同时，其他行业资本的流入，带来了一批新建的规模化、标准化商品蛋鸡场；地方政府对规模化养殖企业的政策扶持，使原有的规模化蛋鸡养殖企业得以进一步发展，标准化建设水平不断提高。总之，近年来我国商品代蛋鸡场呈现出明显的规模化、标准化发展趋势。

我国商品代蛋鸡市场的格局正在发生着重大变化，出现了区域均衡化的趋势。蛋鸡主产区由北向南转移，由传统的养殖密集区向非密集区转移。究其原因，环控设备的普遍应用使南方地区打破了蛋鸡养殖难以度夏的瓶颈；燃油涨价及高速收费致鲜蛋运输成本大幅增加，打破了多年以来北养南销的格局，东北地区蛋鸡养殖持续减量，风光不再；传统的蛋鸡养殖密集区由于起步早、标准低、规模小、区域养殖密度大，深受疫病困扰，养殖效益低；而过去蛋鸡养殖总量较小的地区，如新疆和湖北，由于养殖环境好、政策支持力度大、标准化程度高等后发趋势，近年来蛋鸡养殖发展较快。

第二节　2014 年我国蛋鸡产业状况

2013 年"H7N9"事件的冲击，使 2014 年产蛋鸡存栏下降，鸡蛋产量下降

5%左右，供需处于紧平衡状态。综合蛋鸡产业监测数据，2014年蛋鸡生产效益良好，鸡蛋和淘汰鸡价格处于历史高水平；淘汰鸡数量大幅减少，与2013相比减少了约1/4；鸡蛋生产成本有所增加，但幅度不大。经过对企业、市场调研和分析，一般认为蛋鸡养殖业的效益起落周期为3~4年。

一、蛋鸡存栏（生产）

根据农业部定点监测数据，我国蛋鸡养殖量从2012开始一直处于下降状态，2014年4~5月达到低谷，而后逐渐恢复至2014年初水平。

蛋鸡存栏结构方面，2014年全年新增雏鸡较2013年减少5.7%左右，其中，1~7月新增雏鸡同比一直减少；8~12月同比持续增加，尤其11、12月，新增雏鸡数达到近5年较高水平，这也间接凸显了我国2014年高峰期产蛋鸡存栏量的不足。分析认为，2014年1~4月由于担心禽流感疫情，养殖户的自信心受到严重影响，鸡蛋价格和蛋鸡结构的调整促成进雏时间的规律变化。由于受到疫情影响，1月和2月份淘汰鸡数量较多，而后随着疫情减少、鸡蛋价格回升，3~8月淘汰鸡数量逐渐减少，虽然9月和10月淘汰数出现短暂增加，但11月和12月连续两月的下降让淘汰鸡数量回到了9月增加前的水平。一方面，蛋价较高使产蛋鸡饲养期延长，另一方面，也反映出后备鸡的不足。

鸡蛋产量方面，据农业部定点监测数据显示，2014年只鸡平均单产处于较高水平，反映出蛋鸡饲养效率较高；鸡蛋总产量全年呈现"U"型特征，以4月为分界点，前降后升；由于产蛋鸡存栏量相对稳定，总产量波动幅度不大。

从全国范围看，蛋鸡产业2013—2014年有以下主要变化：第一，大规模饲养场的比例在上升，饲养的产蛋鸡总量占比在8.2%左右（5万只以上），这部分养殖量一般不会因为蛋价等因素发生变化，基本保持全年均衡生产，而且处于高生产率状态；第二，大规模饲养场的建设速度2014年以总产量0.5%的比例增加；第三，种蛋转为食品蛋销售数量同比增加1.3%。由于蛋种鸡数量的增加以及白羽肉鸡大批量引种，种鸡的产能严重过剩，据调查，用于孵化雏鸡的种蛋转为食品蛋销售比例达到30%以上。蛋种鸡父母代、白羽肉鸡父母代和黄羽肉鸡父母代合计数量大约9 000万只，按只鸡平均产蛋12kg计算，合计转为商品鸡蛋约30万t，占鸡蛋总产量2 400万t的1.3%。

据中国畜牧业协会监测，近年来蛋种鸡产能一直处于过剩状态，祖代种鸡存栏数量严重高于实际需要量。祖代蛋种鸡由于存栏数量大，严重超过需要，部分品种的产能利用率极低，持续的低迷会导致个别品种减栏。父母代种鸡虽然大都盈利，但利润比较低，勉强维持。商品代蛋鸡阶段利润较好，仍有比较大的发展空间，各个企业都在积极布局。

二、鸡蛋价格及淘汰鸡价格变化（市场）

2014 年我国蛋鸡产业经受了年初流感疫情的困扰及行情低迷态势，从第二季度开始行情回暖，鸡蛋价格不断攀升并维持在历史高位水平；全年总体上呈现前低后高的态势。与以往惯例不同，2014 年初春节节日效应拉动并不明显，整个一季度鸡蛋价格为小幅涨跌，养殖盈利基本处于保本状态。由于 2012—2013 年蛋鸡存栏的持续下降，导致鸡蛋上市量的明显减少，从而触动了 2014 年 4 月、5 月份鸡蛋价格的大幅度提升，加上端午节的节日效应，使 5 月的鸡蛋价格提升更加明显，节日过后的 6 月鸡蛋价格小幅下跌，新增雏鸡数量因季节规律也小幅减少。但随后由于中秋、国庆双节的提振效应，鸡蛋价格再创历史同期新高，随后价格持续小幅回落，但仍维持在历史同期较高水平。

2014 年 1～12 月淘汰鸡价格整体呈增长趋势，4 月以来处于历史同期较高水平，其增长幅度高于 2012 年和 2013 年同期水平，尤其是 11 月、12 月淘汰鸡价格创下历史同期新高，但仍低于 2011 年同期水平，12 月淘汰鸡价格为 2008 年以来同期淘汰鸡价格的最高值。分析认为，主要是鸡蛋价格和鸡龄对禽流感的敏感相关性改变了养殖户的进雏时间（或称鸡龄结构）。一方面，进雏时间或称鸡龄结构有了新的调整和变化。总结近几年的规律，禽流感疫情多发生在春节前后，主要影响处于高峰期（主要是刚开产时期）的产蛋鸡，为躲避这一时期，选择 11 月至来年 4 月进雏较为安全。由于端午节的带动，鸡蛋价格规律也发生了变化，近两年鸡蛋价格 6 月至翌年 1 月期间总体要好于 2～5 月。另一方面，2014 年鸡蛋价格较高带动了养殖户的积极性。

三、饲料价格变化（成本）

2014 年鸡蛋生产成本基本稳定，较上年同期微幅上涨，其变动趋势趋同于饲料成本变化；蛋鸡养殖全价饲料价格以 9 月为分界线，9 月以前整体呈上升趋势，9 月以后价格逐步下降。料蛋比基本稳定，1～12 月料蛋比平均值为 2.32，低于其他年份数据，一方面说明产蛋鸡产蛋水平较高，另一方面说明饲料质量较好。

四、蛋鸡养殖利润变化（收益）

2014 年一季度只鸡盈利基本处于保本状态；自 4 月只鸡盈利水平开始大幅回升，并于 5 月端午节前达到高峰；随后有所回落，并于中秋、国庆节日前再创盈利新高；节日后持续小幅回落，但仍处于历史同期较高盈利水平。全年来看，养殖效益增幅明显，只鸡盈利水平仍维持在较高水平，主要是量少价高及前期高价的延续趋势。监测数据显示，1～12月只鸡累计盈利26.98元，同比增加7.9倍。2014年只鸡盈利水平为监测历史同期较高水平。

第三节　未来我国蛋鸡产业发展方向

基于我国蛋鸡产业发展的历史、现状及近年来的变化趋势，结合我国政治、经济、社会及生态文明建设的总体要求，参照发达国家蛋鸡产业化发展的经验及教训，未来我国蛋鸡产业发展将体现以下五大趋势。

一、规模化、集约化与标准化

随着我国经济、社会的发展，工业化、信息化、城镇化及农业现代化步伐日益加快，农业人口就业机会增加，收入稳定增长，文化水平不断提高，以解决就业和脱贫致富为目的进入蛋鸡养殖行业的越来越少，小规模的蛋鸡养殖比较效益不断下降，会促使小规模养殖主体加速退出。

由于我国经济结构的调整，其他行业资本会有选择地进入蛋鸡养殖行业，规模化、集约化的蛋鸡养殖企业会增加。而随着我国劳动力成本会持续上升，将促使现有蛋鸡养殖企业加大设施设备投入，提高蛋鸡养殖的自动化和标准化水平，降低劳动强度，减少人工成本，进而提高生产水平，降低单位生产成本，追求规模经济效益。从我国蛋鸡产业政策的导向作用、土地资源的制约作用及粪污处理的规模效应等综合国情分析，未来5万～10万只规模的商品蛋鸡场应成为行业的主体。

二、蛋鸡市场均衡化

由于我国南北方饲料粮差价逐渐减小，环控设备的普遍使用，将使南方蛋鸡养殖进一步发展。传统的蛋鸡养殖密集区比较优势减少，养殖效益下降，区域养殖密度还会进一步降低，一些蛋鸡养殖发展较晚的地区反而因后发优势会进一步发展。由于鲜蛋的长途运输不但成本高，破损率也高，更主要的是蛋品质量难以保证。而随着人民生活水平的不断提高，消费者对蛋品质的要求越来越高，不再满足于能吃上鸡蛋，更要求鸡蛋的新鲜、安全与健康，这在一定程度上需要鸡蛋生产、销售实现本地化。总之，市场将在我国蛋鸡产业的资源配置上发挥主导作用，促使我国蛋鸡市场实现区域均衡化。

三、协调、高效与平衡发展

基于对我国蛋鸡市场规模与需求的总体分析和判断，我国蛋鸡产业当前存在着相对的产能过剩，这也是我国蛋鸡市场呈现"三年一个周期"波动规律的主要诱因。由于我国经济三十多年的快速增长，人民生活水平不断提高，食品消费结构也在悄然发生着变化，出现了蛋白食品消费多元化的趋势，牛羊肉及海鲜消费有所增长，猪肉、鸡肉、鲜蛋及淡水鱼类消费相对减少。伴随我国未来蛋鸡养殖水平的不断提高，无论从供需平衡的角度看，还是从市场的资源配置属性讲，未来我国蛋鸡养殖的总体规模都会有所下降，实现从量到质的转变。

近年我国商品代蛋鸡养殖规模在 10 亿 ~ 12 亿只，随市场周期上下波动，未来会基本保持在 10 亿只上下的水平上。由于小户退出，规模化蛋鸡养殖比例增加，市场波动性会趋于减弱。当前我国父母代蛋种鸡年引种量在 1 800 万 ~ 1 900 万套之间，将来会稳定在 1 500 万套以内，未来几年父母代蛋种鸡场之间的竞争会日趋激烈，行业整合进一步加剧。中小型父母代蛋种鸡企业会加速退出市场，或转养商品代蛋鸡，能存留下来的父母代蛋种鸡企业预计在 200 家左右，以满足本地商品代雏鸡市场需求为主，未来的父母代场因饲养规模扩大，组织能力需要同步提高，势必要求祖代场在饲养规模、质量体系、服务能力及综合实力相应更高，以满足父母代场的需求。因此，父母代场在与上游祖代蛋种鸡场的合作上需要做出重大抉择。我国祖代蛋种鸡近年年均引种量在 50 万 ~ 55 万套，未来会控制在 30 万套以内，真正意义上的祖代蛋种鸡企业可能会在 5 ~ 6 家，且以饲养父母代种鸡销售商品代雏鸡为主要盈利模式。通过各代次之间的协调发展，进而实现"三高一平衡"——高产出、高效率、高效益和供需基本平衡的行业健康发展目标。

四、专业化生产与产业化合作

随着我国蛋鸡产业的不断发展，在逐步实现规模化、集约化、标准化与市场均衡化的同时，实行专业化生产与产业化合作将成为未来我国蛋鸡产业发展的必然趋势。不久前，峪口鸡业牵头组织成立了全国第九家 C5 俱乐部——新疆 C5 蛋种鸡企业俱乐部，俱乐部成员既有父母代蛋种鸡企业，也有商品蛋鸡养殖、饲料加工、设备制造和技术服务性企业加盟，充分发挥各成员企业优势，使俱乐部成员之间形成优势互补，并结成紧密联系的利益共同体，在相互合作中实现共赢。可以说，我国蛋鸡产业的专业化生产与产业化合作已初露端倪，将成为未来主要发展方向之一。

五、重视生物安全、食品安全与环境保护

由于近十年来我国蛋鸡生产深受疫病之害，是导致生产不稳定及市场的波动的主要原因之一。痛定思痛，造成疫病频发的根本原因又在于生物安全意识的淡

薄与生物安全措施的缺失。合理的产业规划和布局、科学的场区规划和标准化建设、规范的检疫措施及落实、投入品检验与控制、病死鸡和粪污的无害化处理及循环利用，这些关乎生物安全、食品安全和环境保护的措施显得越来越重要，已经成为未来我国蛋鸡产业健康发展的必要条件和重要发展方向。

综上所述，我国蛋鸡产业在历经多年快速发展后，总体数量规模已不大可能再进一步增长，甚至在某种程度上还有潜在的过剩产能，当前已经进入加速整合期。未来我国蛋鸡产业将出现明显的规模化饲养、标准化管理、专业化生产和产业化运作的发展趋势；生物安全、食品安全和环境保护在蛋鸡产业发展中将得到空前的重视；蛋鸡良种国产化率更高；蛋鸡市场区域分布更趋平衡；各代次之间发展更加协调。逐步实现由量到质的转变，日益朝着蛋鸡行业健康发展的目标迈进。

第二章
规模化养鸡场的建设

第一节　养殖场的选址

随着养鸡业的发展，养鸡技术、生产管理水平需要相应的提高。养鸡场的建立，首先必须明确建场的性质和任务，然后选择场址，设计和筹划鸡舍、设备和用具。

场址选择应遵循无公害、生态和可持续发展，便于防疫为原则，从地形地势、土壤、交通、电力、物质及与周围环境的配置关系等多方面综合考虑。

一、选址原则

(一) 与各种场所的间距

鸡场应位于居民区当地常年主风向下风处，畜鸡屠宰场、交易市场的上风向。鸡场距离动物隔离场所、无害化处理场所3 000m以上；距离城镇居民区、文化教育科研等人中集中区域及公路、铁路等主要交通干线1 000m以上；距离生活饮用水源地、动物屠宰加工场所、动物和动物产品集贸市场500m以上。

(二) 符合用地规划及《中华人民共和国畜牧法》的规定

选择场址应符合本地区农牧业生产发展的总体规划、土地利用发展规划、城乡建设发展规划和环境保护发展规划的要求，不得建在自然环境污染严重的地区。

《中华人民共和国畜牧法》第四十条：禁止在下列区域内建设畜鸡养殖场、养殖小区。

生活饮用水水源保护区、风景名胜区、以及自然保护区的核心区和缓冲区。

城镇居民区、文化教育科学研究区等人口集中区域（文化科研区、医疗区、商业区、工业区、旅游区等人口集中地区）。

法律、法规规定的其他禁养区域。《畜鸡养殖业污染防治技术规范》中规定：新建、改建、扩建的畜鸡养殖选址应避开规定的禁养区域，在禁建区域附近建设的，应设在规定的禁建区域常年主导风向的下风向或侧风向处，场界与禁建区域边界的最小距离不得少于500m，种鸡场应该更远一些。

例如，根据原政办发［2015］3号《关于严格规范设施农业用地申请审批手续的通知》，宁夏固原市原州区养殖业建设用地审批程序如下。

提出申请：申请人提出申请，同时应拟定设施建设方案，内容包括项目名称、建设地点、设施类型和用途、数量、标准和用地规模等。

乡镇（街道）、村组（社区）进行初审，初审内容包括建设规划是否合理、所占土地权属问题、土地性质等。初审结束后，各乡镇（街道）要对建设方案和土地使用条件通过乡镇（街道）、村组（社区）政务公开等形式向社会予以公告，公告时间不少于10天；公告期结束无异议的，上报国土部门进行复审。

国土部门针对各乡镇（街道）上报的设施农业用地申请表，要申请政府办组织领导小组各成员单位就用地规划、土地权属、土地性质等进行现场审核。

领导小组审核后，提交政府分管国土资源的领导审核，审核后提交政府常务会议研究。

经政府常务会议研究通过后，所在乡镇（街道）要及时与申请人签订用地协议，协议内容包括一年内存栏量、土地使用年限、土地用途、土地复垦要求及时限、土地交还和违约责任等土地使用条件等，同时要对用地情况进行备案。对于一年内没能达到协议签订的存栏量的，国土部门要收回所占土地。

二、地势高燥

养鸡场地形要开阔、整齐，便于鸡场内各种建筑物的合理布置。选择交通便利、地势高燥、背风向阳、通风良好、给排水方便，便于排污、远离噪声、隔离条件好的地方建场。平原地区应选在较周围的地段稍高的地方，以利于排水防涝。

三、水源稳定

建鸡场必须有一个可靠的水源，水源充足，水质良好，能满足生产、生活和消防需要，各项指标参考生活饮用水要求。注意避免地面污水下渗污染水源。

四、占地面积

鸡场占地面积可根据拟建养鸡产的性质和规模来确定，如建存栏1万～5万只蛋鸡的养鸡场，采用笼养方式，可按每只鸡占地1.5m²计算。

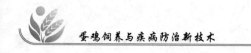
第二节 场区分区和布局

养鸡场场址选定后，须根据地形地势和当地主风向计划、安排鸡场内不同建筑，把功能区、道路、排水、绿化等地段的位置称为分区，把根据分区方案合理安排每幢建筑物和每个设施的位置和朝向称为布局，布局要求要有利于生产和防疫。

具有一定规模的蛋鸡场，一般可分为办公区、生活区、生产区、辅助生产区、污粪处理区等区域。建设时应严格执行生产区与行政管理区（办公区）、生活区相隔离的原则，净道、污道分开，互不交叉，并设隔离区，另设病害肉尸体及粪污处理区。育雏舍、育成舍和蛋鸡舍各鸡舍采用全进全出饲养模式，配套合理；场区周围设有围墙或绿化隔离带，为确保卫生防疫安全有效、场内只铺种草坪、不植树，不给野鸟栖息枝处，以防病原微生物通过鸟类粪便等杂物在场内传播疫情。

一、行政管理区

是担负鸡场经营管理和对外联系的场区，应设在上风向且与外界联系方便的位置。包括办公室、会议室、娱乐室、大门，大门前设车辆消毒池，两侧设门卫和消毒更衣室。

二、生活区

最好自成一体，距办公区和生产区 30m 以上，包括食堂、宿舍。

三、辅助生产区

包括饲料库、饲料加工间、蛋库、修理间、配电室、水塔、蓄水池等。

四、隔离区

包括病死鸡隔离、剖检、化验、处理等房舍和设施，以及粪便污水处理及贮存设施等。该区是养鸡场病鸡、粪便等污物集中之处，是卫生防疫和环境保护工作的重点，应设在全场的下风向和地势最低处，且与其他两区的卫生间距不小于 50m，病鸡隔离舍及处理病死鸡的尸坑或焚尸炉等设施应距鸡舍 300m 以上。

五、生产区

是鸡场的核心，包括育雏舍、育成舍、蛋鸡舍。鸡舍的布局应根据主风方向与地势，鸡舍群一般采取横向成排（东西）、纵向呈列（南北）的行列式，即各鸡舍应平行整齐呈梳状排列，不能相交。鸡舍群的排列要根据场地形状、鸡舍的数量和每幢鸡舍的长度，酌情布置为单列、双列或多列式。应按下列顺序设置：幼雏舍、中雏舍、后备鸡舍、成鸡舍，幼雏舍在上风向，成鸡舍在下风向。鸡舍间距确定主要考虑日照、通风、防疫、防火和节约用地。必须根据当地的地理位置、气候、场地地形地势等来确定适宜的间距。一般应是檐高的 3 ~ 5 倍，开放式鸡舍应为 5 倍，封闭式鸡舍一般为 3 倍，通过测算宁夏回族自治区鸡舍间距不小于南排鸡舍高度的 3 倍时，就可以基本满足日照、通风、防疫要求。育雏、育成鸡舍与成年鸡舍的间距要大于成年鸡舍的间距，并设沟、渠、墙、或绿化带等隔离障。

(一) 育雏舍

供从出壳到 6 周龄雏鸡用，舍内应有供暖设备，温度以 20 ~ 25℃ 为宜。建造要求是防寒保暖、通风向阳、干燥、密闭性好、坚固防鼠害。育雏舍要低，墙壁要厚，屋顶设天花板，房顶铺保温材料，门窗要严密。一般朝向南方，高 2.3 ~ 2.5m，跨度约 6 ~ 9m，南北设窗，南窗台高 1.5m，宽 1.6m，北窗台高 1.5m，宽 1m 左右，水泥地面。平养时，鸡只直接养在铺有垫料的地面，笼养时，鸡只养在分列摆放的育雏笼中，列间距 70 ~ 100cm，可依跨度摆为两列三走道或三列四走道。

(二) 育成舍

为 7 ~ 20 周龄鸡专用，此时鸡舍应有足够的活动面积保证鸡的生长发育，而且通风良好、坚固耐用、便于操作管理。有窗半封闭式和封闭式鸡舍均可选择。有窗半封闭式育成鸡舍一般高 3 ~ 3.5m，宽 6 ~ 9m，长度 60m 以内。封闭式育成鸡舍跨度 9 ~ 12m，长度 60 ~ 100m，山墙装备排风扇，采用纵向通风。平养鸡只直接养在铺有垫料的地面，笼养时，可以采取两列三走道或两列两走道、三列四走道或三列三走道等。

(三) 产蛋鸡舍

用于饲养 20 周龄直至淘汰的蛋鸡。要求坚固耐用，操作方便，内部环境好；采用密闭、开放均可；也可平养或笼养。鸡笼养时，可采取两列三走道或两列两走道、三列四走道或三列三走道等，结构可参照育成鸡舍。

知识链接

适合北方地区的鸡舍类型

北方地区属寒冷地区，为保证冬季鸡舍的温度不低于 10℃，应采用封闭性能较好的鸡舍，并配以取暖设备，常见的鸡舍有以下几种。

(一) 无窗封闭式鸡舍

鸡舍四壁无窗，隔绝自然光源，完全采用人工光照和机械通风。这种鸡舍对电的依赖型极强，为耗能型、高投资的鸡舍。若饲养管理得当产品产量高、质量好。产品均衡，不受或少受外界环境因素的影响。因此选用这种鸡舍的养鸡场，除考虑当地的供电条件外还应考虑鸡场的饲养管理水平。

(二) 有窗可封闭式鸡舍

鸡舍在南北壁设窗户，在气候温和的季节里，依靠自然通风，在气候不利的情况下则关闭南北两侧窗户开动风机进行纵向通风。这种鸡舍既能充分利用阳光和风能，又能在恶劣的气候条件下实行人工调控。

(三) 传统式鸡舍

鸡舍以砖木为主或以砖为墙体，钢为屋架，预制板为屋顶。设有采光窗，以自然光照为主、早晚加灯光补充照明，以自然通风为主，炎热季节辅助机械通风。

第三节　鸡场设备

设备的选择要从实际出发，其直接影响到管理的好坏，经济效益的高低。

一、供暖设备

只要能达到加热保温的目的，电热、水暖、气暖、煤炉甚至火炕、地炕等加热方式均可选用，但要注意煤炉加热较脏，且易发生煤气中毒，必须加烟囱，房屋设计时注意考虑保温隔热。

二、通风设备

密闭鸡舍必须采用机械通风，根据舍内气流流动方向，可分为横向通风和纵向通风两种。横向通风是指舍内气流方向与鸡舍长轴垂直的通风方式，纵向通风是指将大量风机集中在一处，从而使舍内气流与鸡舍长轴平行的通风方式。近年来的研究实践证明，纵向通风效果较好，能消灭和克服横向通风时舍内的通风死角和风速小而不均匀的现象，同时能消除横向通风造成鸡舍间交叉感染的弊病。实践中通风设备有湿帘及风机、电风扇。

三、饮水设备

饮水设备分为5种：水槽式、乳头式、吊塔式、真空式、杯式。

雏鸡开始阶段和散养鸡多用真空式、吊塔式和水槽式，散养鸡现在趋向使用乳头式饮水器。

(一) 槽式饮水器

实际生产中所用塑料做成的"U"型水槽，呈长条状，挂于鸡笼或围栏之前，易于清洗，防止腐蚀。缺点是易受到污染，易传播疾病，耗水量大。

(二) 乳头式饮水器

从节约用水和防止细菌污染的角度看，乳头式饮水器是最理想的供水设备，乳头式饮水设备的工作原理是利用毛细管原理，使阀杆底部经常保持挂有一滴水。当鸡啄水滴时便触动阀杆顶开阀门，水便自动流出。平时依靠供水系统对阀门顶部的压力，使阀体紧压在阀座上，实现密闭，防止漏水。优点是节水、经久耐用。缺点是每层鸡笼均需配置减压水箱，不便于饮水免疫，材料要求高。

现在笼养育成鸡和蛋鸡使用最普遍的还是"V"型水槽，常流水供水，但每天要花费精力去刷洗水槽。平养育雏时可使用吊塔式自动饮水器，既卫生又节水。

四、喂料设备

实际生产中主要使用食槽，笼养鸡都用长的通槽，平养育雏时也可使用这种供料方式，也可用吊桶供料。食槽的形状对鸡采食饲料的抛撒有很大影响，食槽过浅，没有护沿会造成较多的饲料浪费。集约化大型养鸡场喂料设备多采用行车式喂料、播种式喂料、链条式喂料。优点是布料均匀，节省人力和时节，缺点是对鸡舍的建设要求高，设备成本高能耗大。

五、集蛋设备

机械化程度高的鸡场采用传送带自动集蛋，效率高，但破损率较高。配备有脏蛋、破蛋检测设备，裂纹蛋检测设备，重量检测系统，血蛋检测系统，以及对鸡蛋进行贴码和分装设备。目前一般养鸡户都采用手工集蛋。

六、清粪设备

鸡舍内的清粪方式有人工清粪和机械清粪两种。

机械清粪常用设备有刮板式清粪机、传送带式清粪机和抽屉式清粪机。刮粪板式清粪机多用于阶梯式笼养和网上平养；传送带式清粪机多用于叠层式笼养；也适用于阶梯式笼养；抽屉式清粪板多用于小型叠层式鸡笼。

七、笼具

笼具是现代化养鸡的主体设备，不同笼养设备适用于不同的鸡群。鸡笼设备按组合形式可分为全阶梯式、半阶梯式、叠层式、复合式和平置式；按几何尺寸可分为深型笼和浅型笼；按鸡的种类分为蛋鸡笼、肉鸡笼和种鸡笼；按鸡的体重可分为轻型蛋鸡笼、中型蛋鸡笼和肉种鸡笼。

育雏可以用网板，也可采用立体式多层育雏器。

普通育雏笼规格是：1.4m×0.7m×0.35m（长×宽×高），低网网孔规格为1cm×1cm（长×宽）。育成鸡除平面网上饲养外，多采用重叠式或阶梯式育成笼，农户多采取60~70日龄直接转入蛋鸡笼。产蛋鸡基本上都是笼养，目前国内生产鸡笼的厂家很多，可根据实际情况去选购，一般育成笼规格（长×宽×高）为1.95m×0.45m×0.4m，由3个小笼组成，其规格（长×宽×高）为0.64m×0.45m×0.4m，每小笼的密度一般为6~7只/笼，鸡只笼位面积必须得到保证。蛋鸡笼有阶梯、半阶梯、层叠几种形式，笼底面积大于500cm²为宜。目前国内外普遍采用四层笼养育雏工艺，所用的叠层育雏笼有电加热和不加热两种。采用育雏笼饲养时，其饲养密度一般为中型蛋鸡34只/m²，轻型蛋鸡36只/m²。

八、光照设备

国内普遍采用普通灯泡来照明，发展趋势是使用节能灯。许多鸡场安装定时自动控制的开关，取代人工开关，保证光照时间准确可靠。

九、消毒设备

鸡场入口设有消毒池，消毒池长度为进场大型车车轮周长的一周半，宽与门相适应，消毒液的深度能保证入场车辆所有车轮外沿充分浸在消毒液中。

生产区门口应有行人消毒池和更衣换鞋消毒室（屋顶和两侧墙面有紫外线灯），供进入生产区人员消毒。

每栋鸡舍入口处应设置消毒池，供进入鸡舍人员消毒。

鸡舍应设置防护网，防止飞鸟进入鸡舍。

十、其他

免疫、治疗设备：连续性注射器、刺种针等。

断喙设备：电动断喙器、电烙铁等。

称重设备：弹簧秤、杆秤、电子秤等。

农村小规模饲养推荐鸡舍模式：三层半阶梯，两半组靠窗，中间一整组，前后开窗，设天窗地窗，加防鼠、防鸟网；一端山墙安装排风机，气候温和时自然通风，特别热或冷时采用纵向通风方式；粪沟机械清粪，乳头饮水器，手工喂料，手工捡蛋，人工光照和自然光照相结合。

第三章
鸡的生物学特性及蛋鸡优良品种

第一节　鸡的生物学特性

　　鸡在生物学分类方面属于鸟纲，具有和哺乳动物不同的生物学特性，鸡的外貌形态、解剖、生理和习性等方面，有其独特的规律。了解和掌握鸡的生物特性，有利于扬长避短，利用其有利的一面，同时积极创造条件克服不利的一面，从而更好地对鸡进行饲养管理，充分发挥其生产性能，获得更大的经济效益。鸡具有生长快、成熟早、体温高、不太耐热、消化道短、代谢旺盛、群居、胆小等主要生物学特点和习性。

一、生长快，成熟早

　　由于现代育种和饲养条件下，鸡的品种日趋优良化，全价日粮的适量饲喂，合理的饲养，日常管理的科学化，使得蛋用型鸡养到 140~150 日龄时可开产。现代人们饲养的蛋鸡一般在 72 周龄或 76 周龄即产蛋，1 年后淘汰，而且在光照、温度、通风等人为控制适合鸡生长生产的条件下，其产蛋性能受自然换羽的影响不大。

二、体温高，不太耐热

　　鸡的平均体温为 41℃，正常范围值在 40.9~41.9℃，较一般哺乳动物高，幼雏在 7 日龄之前的的体温比成年鸡体温略低，因此育雏时需要较高的温度（约 32~34℃）。鸡的体温来源于体内物质代谢过程的氧化作用产生的热能，鸡体内产生热量的多少决定于代谢强度。鸡对粗纤维的消化率最低，平时饲养中日粮以精饲料为主，由于代谢旺盛，使鸡能维持生命和健康，并且能达到最佳的产肉和产蛋性能。另一方面由于鸡没有汗腺，所以不太耐热，当春夏气温升高的季节，鸡只能依靠传导、对流、辐射、蒸发借以散热，来保持体温的平衡。因此，在天气炎热时，应做好防热措施，以利于调节体温，维持旺盛的代谢作用，以避免产蛋量的显著下降。

三、消化道短，日粮通过消化道快，饲料利用率低

鸡的消化道长度仅是体长的 6 倍，与其他家畜相比短得多，饲料在消化道内停留的时间短，消化吸收不完全，因此，每天采食次数也比一般家畜多。另外，由于鸡无牙齿，无法对食物进行咀嚼，只能靠肌胃（它是磨碎食物的主要器官）与采食到的砂粒磨碎食物，因此，饲养过程中要适时给鸡投喂沙粒，如长期吃不到沙粒，就会引起消化不良。

四、鸡喜欢群居、胆小，对环境敏感

鸡的合群性很强，一般不单独行动，刚出壳几天的鸡，就会找群，一旦离群就鸣叫不止。公、母鸡都有很强的认巢能力，能很快适应新的环境、自动回到原处栖息。鸡爱模仿，集约化饲养时，若营养水平、饲养管理技术跟不上，因鸡群密度大，常会造成啄肛、啄羽的习性，各个鸡会纷纷效仿，如不及时采取措施，会有大批啄死的危险。另外，鸡较胆小，突然受惊吓、转群、防疫、气温的变化等都会造成应激反应而影响生产。

五、蛋鸡的抗病能力差

鸡的抗病力差表现在多个方面：鸡的肺脏较小，连接有许多气囊，而且体内各个部位包括骨腔内都存在着气囊，彼此连通，从而使某些经空气传播的病原体很容易沿呼吸道进入肺、气囊和体腔、肌肉、骨骼之中，所以，鸡的各种传染病大多经呼吸道传播，且发病迅速、死亡率高、后患多、损失大。鸡的生殖道与排泄孔共同开口于泄殖腔，产出的蛋很容易受到粪尿污染，也易患输卵管炎。鸡的体腔中部缺少横隔膜，使腹腔感染很容易传至胸部的重要脏器。鸡没有成形的淋巴结，淋巴系统不健全，病原体在体内的流动传播不易被自身所控制，一旦感染，较易发病。所以，在同样的条件下，与鸭、鹅等比较起来，鸡的抵抗力差、成活率低。

第二节　国内外优良蛋鸡品种

一、国外引进的蛋鸡品种

（一）海兰蛋鸡

海兰蛋鸡由海兰家鸡育种公司育成，具有较高的生产性能，成熟早，有显著

的产蛋高峰，高峰后持久的产蛋力等特性。此鸡也有良好的适应力及较强的抗病能力，耐热，安静不神经质易于管理海兰褐：褐蛋鸡具有饲料报酬高、产蛋多和成活率高的优良特点。成活率96%～98%；至72周龄年产蛋总重19.4kg日耗料114g，料蛋转化比2.36∶1。

（二）伊萨褐壳蛋鸡

伊萨褐壳蛋鸡是由法国伊萨公司培育的一个高产良种，为四系配套鸡种。体型中等，雏鸡可根据羽色鉴别雌雄，成年母鸡毛呈深褐色并带有少量白斑，蛋壳为褐色，是目前国际上优秀的高产蛋鸡之一。其遗传潜力为年产蛋300枚，全群达50%产蛋日龄160～168d，开产体重为1.55～1.65kg，入舍母鸡72周龄年产蛋280～290枚，蛋重63～65g，料蛋转化比为（2.3～2.4）∶1。

（三）海赛克斯褐壳蛋鸡

海赛克斯褐壳蛋鸡是荷兰尤里布里都（Euribrid）公司培育的著名中型褐壳蛋鸡，是能按羽色自别雌雄的配套品系鸡种，是我国褐壳蛋鸡中饲养较多的品种之一。海赛克斯褐壳蛋鸡具有耗料少、产蛋多和成活率高的优良特点，可在全国绝大部分地区饲养，适宜集约化养殖场、规模鸡场、专业户和农户养殖。

商品代生产性能：0～17周龄成活率97%，体重1.4kg，只鸡耗料量5.7kg；产蛋期（20～78周）只日产蛋率达50%的日龄为145d，入舍母鸡产蛋数324枚，产蛋量20.4kg，平均蛋重63.2g，产蛋期成活率94.2%，140日龄后中鸡日平均耗料116g，产蛋期末母鸡体重2.1kg。

（四）罗曼褐壳蛋鸡

罗曼褐壳蛋鸡是德国罗曼公司培育的四系配套优良蛋鸡品种，具有适应性强、耗料少、产蛋多和成活率高的优良特点。罗曼褐壳蛋鸡可在全国绝大部分地区饲养，适宜集约化养鸡场、规模养鸡场、专业户和农户养殖。

商品代生产性能：1～18周龄成活率98%，开产日龄21～23周，高峰产蛋率92%～94%，入舍母鸡12个月产蛋300～305枚，平均蛋重63.5～65.5g，产蛋期成活率94.6%。

（五）罗斯褐壳蛋鸡

罗斯褐壳蛋鸡由英国罗斯公司育成，属高产蛋鸡，适应性强，抗逆性表现较好。有金银色和快慢羽两个伴性基因。72周龄年产蛋量271.4枚，平均蛋重63.6g，总蛋重17.25kg，每千克蛋耗料2.46kg；0～20周龄育成率99.1%。

二、国内优良蛋鸡品种

(一) 京红1号

京红1号由北京峪口禽业公司培育而成，开产早，产蛋多，140日龄达到50%产蛋率；90%以上产蛋率维持9个月以上。好饲养，抗病能力强，适应粗放的饲养环境；育雏、育成成活率97%以上，产蛋成活率97%以上；免疫调节能力强。吃料少，效益高，高峰期料蛋转化比（2.0~2.1）：1。

(二) 京粉1号

京粉1号是在我国饲养环境下自主培育出的优良浅褐壳蛋鸡配套系，具有适应性强、产蛋量高、耗料低等特点，父母代种鸡68周龄可提供健母雏96只以上，商品代72周龄年产蛋总重可达18.9kg以上。商品代蛋鸡育雏、育成期成活率96%~98%，产蛋期成活率92%~95%，高峰期产蛋率93%~96%，产蛋期料蛋转化比（2.1~2.2）：1。

第四章
蛋鸡的饲养管理

第一节 现代规模化养殖观念的树立

现代规模化蛋鸡生产通俗的讲，应该是应用先进的科学技术，全新的养殖观念，使优良鸡种尽量发挥出高生产性能，达到现代蛋鸡高生产水平，获取最高的经济效益和最好的养殖利润。然而实际生产中，许多养殖户虽然拥有了优良的蛋鸡品种，但没有充分树立科学的饲养管理概念及观念，饲养管理不当和营养供给不合理或开产延迟，达不到产蛋高峰、产蛋高峰持续时间短、死淘率高、蛋壳质量差等，末能发挥优良品种所具有的高产潜力，导致了蛋鸡生产水平低下，当然这其中也有其他原因，如鸡群疫病防治，但大部分是由于饲养管理程序不当及营养供给不合理所致，所以充分了解蛋鸡品种特点，树立蛋鸡养殖新观念，有效利用蛋鸡饲养的科学概念是提高现代规模化蛋鸡生产水平的关键因素。

一、良种意识

一些养殖户对于雏鸡的选择，首先是价格便宜，而雏鸡是否良种，仅局限于雏鸡的外表，通过雏鸡的叫声、精神状态、是否有黑肚脐、大肚子等外部特征来评价雏鸡的好坏，这种观点是错误的。虽然这些是最基本的标准，然而决定鸡生产性能的往往是雏鸡的内涵——所购雏鸡的品种、日龄、出雏时间是否一致、雏鸡个体大小是否一致、母源抗体是否一致等因素，特别是随着养殖规模的扩大，这种内涵性的因素表现得会越来越重要，它将直接影响鸡群日后生长的均匀度和免疫的效果，蛋鸡的生产性能和一些指标也将因此受到影响。

二、育雏、育成同等重要

鸡群的高产、稳产是获取最大效益的保证，培育合格的后备鸡是鸡群高产、稳产的重要环节。多数养殖户往往把精力放在育雏阶段，而在决定高产的主要时期——育成的早期阶段（育成鸡 10 周龄的体重达标与否将决定蛋鸡产蛋性能的

80%左右），因不能带来明显的经济效益而往往被养殖户所忽略，很多的养殖户在此阶段，为了节约饲养成本，使用低品质的配方饲料，导致8～10周龄的体重不达标、鸡群均匀度差，错失了决定其高产的主要管理时期，使得鸡群发生日后产蛋性能不高，产蛋高峰不高、产蛋高峰期持续时间短等不良影响。

三、重视日常管理

有的养殖户认为，鸡注射了疫苗后，就百病皆无，万事大吉了。往往不注重免疫程序和饲养管理，如散养鸡到处可见，病死鸡在路边、房前屋后到处乱扔，人为造成很多传染病和寄生虫病的重复发生、流行，给养鸡业造成重大的经济损失。给鸡注射疫苗，免疫程序很重要。首先，在免疫程序的制定上，要根据本地区、本饲养小区的实际情况，参考供雏公司提供的免疫程序、疫苗品种、产生保护力的时间等因素；其次，要选用优质的疫苗、掌握好注射部位和剂量；再次，本地没有发生的病毒性传染病最好不要使用活疫苗接种；最后，每次接种疫苗后，对疫苗空瓶、接种空瓶、接种用具、滴鼻、点眼与注射的场所都要认真地消毒。

四、加强消毒

消毒是杀死鸡舍、运动场所细菌、病毒的惟一手段，是保持环境洁净卫生、鸡只健康成长的重要措施之一。养鸡发病率和死亡率高的重要原因之一，就是消毒工作没做或做得不彻底，环境卫生差，存有病原微生物；在一些养殖小区内，养殖户相互之间串舍比较随意，鸡舍门口没有必备的消毒槽、消毒盆以及采取的基本消毒措施，更不用讲交叉用药消毒了。人为增加了条件致病菌-大肠杆菌、支原体病在养殖户中的发病几率。农户养鸡一定要增强消毒防病意识，认真、仔细、高度重视消毒工作。

五、重视饲料质量，少用药

饲料是鸡群发挥生产性能的基础，优质、全面、合理的饲料往往能发挥鸡群最大生产潜能，使鸡群高产、稳产，产生较高的经济效益。在实际养殖过程中，因为饲料成本占了养殖成本的75%～80%，有的养殖户仅注重饲料的成本，未重视饲料质量。实际上使用品质差的饲料，投入、产出比率相比品质好的更高；在低品质的饲料中往往含有大量的杂粮，其中的抗营养因子和一些致病因子将会大大的降低饲料中可利用的营养水平，还导致机体紊乱，易感染病毒，从而增加了鸡群的死亡率，对生产造成很大影响。

根据鸡的生长情况和某一时期的疾病预防需要，短期内在饲料中添加某些药物是应该的。但是，部分农户养鸡滥用药物的现象非常严重，饲料中常年累月加拌药物，不但造成药物浪费，也容易产生耐药性，一旦得病，治疗很难；因长期使用药物导致中毒的现象也屡见不鲜。因此，鸡得病要及时确诊，对症下药，绝对不能随意用药、盲目用药、加大剂量；更严禁把药物当作保健剂、促生长剂长期使用。若必须用药要注意选药配伍要合理，剂量掌握要准确，用药时间要适当。一般药物连续使用时间不得超过一周，以免产生抗药性和不良反应。有计划地用药预防疫病发生，要根据本场的发病情况，有计划地在一定日龄对鸡群投药，可以做到预防在先，防止或减少疫病的发生。

养鸡场一定要十分重视饲料和饮水卫生。鱼粉和骨粉中常含有沙门氏菌和大肠杆菌，最好不要用来喂鸡。每次进饲料时都要进行质量检查，发现霉败变质，污染严重的饲料坚决不能喂鸡。为防止经饲料传播疾病，可将饲料通过蒸气加热（80℃，3min），制成颗粒料喂鸡。鸡的饮水应清洁，无病原菌。为防止经水传播疾病，可在饮水中加入次氯酸钠、百毒杀等消毒药物。加强饲养管理，采用科学的饲养方法，减少鸡病的发生。

第二节 减少鸡群发病的策略措施

一、全进全出是控制疫病的基本条件

科学的养鸡方法是把成年鸡和育成鸡、雏鸡分开饲养，绝对禁止把不同日龄的鸡放在一栋鸡舍里饲养，要做到全进全出，即进鸡时一次把鸡舍装满，等这批鸡全部出栏后，全场进行彻底清扫、清洗、消毒，空舍2~4周后再进新鸡。

二、切实作到隔离饲养

防止传染病的发生，很重要的一条就是隔离饲养，防止病原传到场里来。这就要求养鸡场要建在地势较高、平坦开阔、排水方便、水质良好和远离村镇、工厂、肉类加工厂的地方。鸡场不得让外人参观，进场人员要洗澡、更衣、换鞋，防止外面家鸡进入场内。不要从疫区购买饲料，不用发霉变质的饲料。要注意防鸟、防鼠、防蚊蝇等。雏鸡的抵抗力很弱，容易感染疾病，为保证雏鸡的安全，育雏期间最好把饲养员封闭在鸡舍里。

三、要重视鸡场的环境卫生

鸡舍的环境包括鸡群的小环境（鸡舍）和大环境（生产区）。环境卫生好的

鸡场，鸡群比较健康，很少发病，一旦发生疫病也容易控制。

鸡舍的环境包括鸡舍内的温度、湿度、风速、粉尘、有害气体的含量和病原微生物的含量等。这些条件指数都对鸡群的生长发育以及抗病能力有很大影响，要采取一切措施为鸡群创造良好的环境，保证鸡群的健康。

定期对鸡舍进行带鸡消毒，可以降低鸡舍空气中的粉尘和病原微生物的含量，对保证鸡群健康具有重要意义。夏季带鸡消毒还可降温。鸡舍中氨气的含量如果超过 20mg/kg，就会影响鸡群的生长发育和抗病能力，诱发传染性鼻炎、支原体病等呼吸道疾病。秋冬季节要注意解决好保温和通风的矛盾。鸡场内应分设净道和脏道，净道是专门运输饲料和产品（蛋、鸡）等的通道；脏道是专门运送鸡粪、死鸡和垃圾的通道。场区内不能有鸡粪和鸡毛，要定期清扫消毒，每周至少一次，必要时进行深翻土地。死鸡不能乱扔，要及时收集，进行焚烧或深埋。

从鸡舍清出的鸡粪要及时运走，可进行发酵或烘干处理。鸡舍排出的废水应进行无害化处理。

四、加强饲养管理

首先要满足鸡体生长、发育、产蛋或长肉所需营养，如蛋白质、碳水化合物、脂肪、矿物质和维生素等。鸡群的不同品种在不同生长阶段和不同季节，对每种营养成分有不同的要求，应根据实际情况加以调整。微量元素硒和维生素 E 对鸡体的免疫有重要作用，要保证供给。

当鸡进行断喙、转群、免疫或饲养条件发生较大变化时，会发生应激反应，对维生素 A、维生素 K 和维生素 C 的需要量增加，应及时予以补充。

第三节　育雏期饲养管理

育雏期现代蛋鸡饲养多倾向将 0～8 周龄视为育雏阶段。有试验表明 8 周育雏比 6 周育雏更有利于后备蛋鸡的培育和产蛋潜能的发挥。雏鸡的生理特点如下：体温调节机能不完善，生长迅速，代谢旺盛，羽毛生长快，胃容积小，敏感性强，抗病力差，群居性强，胆较小。雏鸡喂料量参考（定时定量按鸡给料）如表 4-1 所示。

一、育雏前的准备工作

首先要了解饲养品种的基本性能和饲养管理要求，以便做好相关工作。

(一) 育雏舍和设备的准备

育雏舍要求有利于防疫、保暖、防鼠害、通风和消毒的原则。设备包括取暖、供料、饮水、温度计等。

(二) 育雏舍消毒

在进雏鸡前数天，要对育雏舍进行二次全面彻底的消毒。消毒药物可选用氯毒杀、消毒威、来苏尔、新洁尔灭或过氧乙酸等。有条件的对育雏舍进行一次熏蒸消毒，熏蒸的步骤是将鸡舍门窗、通风孔封闭，使舍内温度升至25℃以上，相对湿度60%以上，用甲醛和高锰酸钾（每立方米空间用42mL甲醛，21g高锰酸钾）熏蒸24h，待进鸡前3d打开门窗散发尽气味。

(三) 饲料、疫苗和药物的准备

根据育雏数量的多少，至少应准备育雏前10d必需的雏鸡饲料、疫苗和保健药品。

(四) 铺设垫料、试温

在进雏前1~2d进行预温，要做好育雏舍或育雏器的调温工作，检查供暖设备的供暖效果。

二、饮水和开食

雏鸡进入育雏室，雏盒要散放，特别是夏天如果堆放在一起，容易闷死雏鸡。进雏后，育雏舍的相对湿度保持60%~70%，要先让雏鸡饮温水2~3h，饮水的温度以15℃左右为宜，最好能供给5%~8%的葡萄糖水（有助于降低死亡率），雏鸡在经过3h的充分饮水之后，可以进行开食，前3d可用玉米料或小米作开食料，以后很快用全价料，以免鸡营养不良，育雏前期每日喂料6~8次，以后逐渐至每日3~4次。

表4-1 雏鸡喂料量参考 (克/只)

周龄	白壳蛋鸡		褐壳蛋鸡	
	日耗料	周累计耗料	日耗料	周累计耗料
1	7	49	12	84
2	14	147	19	217
3	22	301	25	392
4	28	497	31	609
5	36	749	37	868
6	43	1050	43	1 169

三、保温

雏鸡对外界温度的变化很敏感，育雏头3d的温度要保持在36~37℃，4~7d保持在33~35℃之间；以后每周降低2℃；到第7周降到18~20℃。育雏期间温度是否适宜可以通过观察来确定。例如，雏鸡群挤在热源附近颤抖，发出阵阵怕冷的唧唧声，很少去吃食，就表明温度低，应尽快升温；如果雏鸡远离热源，张嘴饮水频繁，就表明温度过高，应设法降温；如果雏鸡均匀分布静卧，睡姿伸腿伸头，呼吸也很有节奏，或者雏鸡轮着吃料而伴有欢快的鸣叫声，就说明温度适宜（表4-2）。

表4-2 育雏期的适宜温度及高低极限值（℃）

温度		周龄						
		0	1	2	3	4	5	6
适宜温度		33~35	30~33	29~30	27~28	24~26	21~23	18~20
极限	高温	38.5	37	34.5	33	31	30	29.5
	低温	27.5	21	17	14.5	12	10	8.5

四、管理要点

育雏期管理主要有以下几方面。

(一) 饲养密度

饲养密度是否适宜，对养好雏鸡和充分利用鸡舍空间有很大影响。一般饲养密度如表4-3所示。

表4-3 饲养密度

周　龄	立体饲养（只/m²）	平面饲养（只/m²）
1~2	60	30
3~4	40	25
5~6	30	20

（二）通风

在高温、高密度饲养条件下，育雏舍内由于雏鸡呼吸、粪便及潮湿垫料散发出大量的有害气体，尤其是育雏后期。如氨气和二氧化碳等，超过一定的浓度就会危害雏鸡健康，所以在鸡舍保暖的同时要及时通风，排除有害气体，换进新鲜空气，以便降低舍内氨气和水分。

（三）光照

光照在蛋鸡饲养中非常重要。育雏期的光照时间如下：前3d需23～24h光照，第4～7天减至18h，从第2周龄到育雏结束为12h。光照强度先强后弱，1周龄为每$20m^2$用1只60W灯泡，1周后更换为40W，灯泡距离鸡床（或地面）2.0～2.2m。

（三）断喙

断喙的目的是为了防治发生啄癖，第一次精确断喙的最佳时间为6～10日龄，太早太迟都对雏鸡不利，断喙应选用适宜的断喙器，将上喙断去1/2～2/3，下喙断1/3。如果断去太多，会影响采食和生长，断去太少，到产蛋时发生啄癖。断喙烧灼时间一般为2.5～3s。10～12周龄修喙，主要针对漏切、喙长、上下喙不齐等。

断喙注意事项：断喙的前后2d应在饲料中或水中加入电解多维等抗应激药物，额外补充维生素K_3，每千克饲料添加5mg，连用3～4d以利止血。断喙后2～3d，料槽饲料厚度5cm为宜，饮水深度1cm以上，断喙期间不进行接种免疫。

第四节　育成鸡的饲养管理

育成鸡又称中鸡或青年鸡，雏鸡饲养42～56d后，即转育成鸡阶段，这个阶段持续到18～20周龄，经过3个月左右。育成鸡比较耐粗放，疾病较少。这一阶段主要长骨架，整个鸡体的各个系统特别是生殖系统逐步发育成熟。此期注意不能将鸡养得过肥，如果鸡过肥将产蛋少甚至不产蛋。育成阶段又可细分为育成前期（9～12周龄），育成后期（13～18周龄），产蛋前过渡期（19～20周龄）三部分。

一、育成鸡培育的目标

健康无病，体重符合该品种的标准，肌肉发育良好，无多余的脂肪，骨骼坚实，体质状况良好。

二、转群

就是将鸡由育雏室转入育成鸡舍进行饲养，时间是 7～8 周龄，转群之前必须对育成舍进行彻底的消毒，达到卫生防疫要求。转群过程中对鸡进行挑选，严格淘汰病、弱、残个体，转群时最好将原先的鸡仍旧放在一起，这样可以减少鸡群的陌生感和相互啄斗。为了减少应激现象，转群前后，应适当添加维生素 C 和 B 族维生素。

三、育成鸡的饲养密度

饲养密度满足三方面要求：每平方米只数、采食位置、饮水位置。网上平养：6～12 周，10～11 只/m²，13～20 周，6～8 只/m²；笼养 6～12 周，24 只/m²，13～20 周，14～16 只/m²。笼养时，根据实际情况，冬季密度大些，夏季密度小些。

四、育成鸡的称重与饲喂

由于鸡的骨骼在最初 10 周内生长迅速，8 周龄雏鸡骨架可完成 75%，12 周龄完成 90% 以上，之后生长缓慢，至 20 周龄骨骼发育基本完成。体重的发育在 20 周龄时达全期的 75%，以后发育缓慢，一直到 36～40 周龄生长基本停止。要获得最好的生产成绩，鸡一生的体重管理是相当重要的，因此，育成期至少隔两周称重一次。称重的鸡数可按群体的大小决定，一般应随机称取 5%～10% 的母鸡和公鸡（种鸡），但每一群的称重数不少于 30 只。如果发现鸡体重低于标准，就可适当增加喂料次数，或适当提高一些饲料的粗蛋白水平；或在 12 周龄前适当增加光照时间。如体重超过了标准，就要采取限时饲喂，限量饲喂，限质饲喂，但应注意，无论发生什么情况，育成鸡不能减少饲喂量，若鸡超重，可减缓饲料的增加量或维持原来的饲喂量，而不应减少饲喂量。

保证良好的体质是高产的一个前提，80% 以上的母鸡应在鸡群平均体重 ±10% 范围内（表 4－4）。鸡群一致性差，原因可能是拥挤、疾病、断喙不当或营养摄入不当，应查明原因及时处理。

表 4－4　蛋鸡推荐体重　　　　　　　　　　　（g）

周龄	父母代		商品代
	母鸡	公鸡	
4	270	300	270
6	450	520	480

（续表）

| 周龄 | 父母代 | | 商品代 |
	母鸡	公鸡	
8	620	740	650
10	790	980	840
14	970	1 220	1 010
12	1 150	1 460	1 190
16	1 330	1 720	1 360
18	1 450	1 950	1 500
20	1 550	2 130	1 600

五、防止育成鸡早熟或晚熟

通过称重，发现生长发育速度过快或过慢时，要采取措施及时控制体重，控制体重的方法主要是限饲：为了避免出现胫长达标而体重偏轻的鸡群、胫长不达标而体重超标的鸡群，在育成期就要对鸡群进行适当是限制饲养。一般8周龄时开始，有限量和限质两种方法。生产中多采用限量方法，因为这样可保证鸡食入的日粮营养平衡，限量法要求饲料质量良好，必须是全价料，每日将鸡的采食量减少为自由采食量的80%左右，具体喂量应根据鸡的品种、鸡群状况而定。还应配合以限制光照时间，一般采用每日8h光照可避免育成鸡早熟，这要根据当地情况条件而定，若鸡体重不足，从18周龄开始延长光照时间，一般采取每天13h光照，可防止育成鸡晚熟。注意光照时间确定后不能随意变动，且在光照时间内完成饲喂工作。

第五节　蛋鸡产蛋期的饲养管理

一、蛋鸡产蛋期的饲养

（一）更换日粮

由育成期饲料改换成产蛋期饲料，当鸡群产蛋率达到5%时，再换成产蛋期日粮为宜。一般从18～19周龄更换。更换的方法：一是设计一个开产前饲料配方，含钙量在2%左右，其他营养水平同产蛋期；二是产蛋鸡饲料按1/3、1/2等比例逐渐替换育成鸡日粮，直到全部改换为产蛋鸡日粮。

(二) 饲喂与饮水

现代高产蛋鸡对营养需要极高，不仅要按鸡种不同供给不同营养水平的全价日粮外，还要考虑到新母鸡自身继续生长发育的需要。所以在饲喂技术上通常是从开产之时起，应采取自由采食，不得限饲。直到产蛋高峰期过后2周，再视情况而定。

1. 补充钙

蛋鸡产蛋量高，需较多的钙质饲料，一般在17∶00钟补喂大颗粒（颗粒直径3~5mm）的贝壳粉，每1 000只鸡喂给3~5kg。将微量元素添加量增加1倍，能增强蛋壳强度、降低蛋的破损率。实践证明：蛋鸡日粮中钙源饲料采用1/3贝壳粉、2/3石粉混合应用的方式，对蛋壳质量有较大提高。

2. 喂食

产蛋鸡食物在消化道中的排空速度快，仅4h就排空一次。因此，产前与熄灯前喂足料非常重要。一般早晨5~7点必须喂足，以便使开产鸡有足够体力。晚间熄灯前需补喂1~1.5h料，以便为鸡夜间形成蛋准备足够营养。整个产蛋期以自由采食为宜，但每次喂料不宜过多，日投料两次，夜间熄灯前无剩余料。

3. 饮水

由于蛋鸡摄入高能量高蛋白日粮，代谢强度大，因此饮水量也大，一般是采食量的2~2.5倍，饮水不足会造成产蛋率急剧下降。在产蛋及熄灯前各有一饮水高峰，尤其是熄灯前的饮水与喂料往往被忽视。夏季饮凉水，有利于产蛋，但要注意水的循环、卫生。

(三) 阶段饲养

1. 产蛋前期

所谓产蛋前期（27~42周龄）主要包括产蛋上升期和高峰期。一般从21周龄正式步入产蛋期，经过6~7周的快速增长即可达到产蛋高峰（产蛋率90%以上）。此时产蛋鸡敏感且娇气，抗病力较弱，需加倍精心呵护。

（1）对日粮营养水平要求高。从5%产蛋率（21周龄）开始就给以高峰期日粮，这时产蛋率呈直线快速增长，同时体重仍在继续增加。这种营养先于产蛋率到达高峰的饲养方法有益于育成蛋鸡营养物质的贮备和体成熟，有益于高产遗传潜力的发挥，使产蛋高峰期延长。产蛋前期是新产母鸡最关键的时期，其管理要求严格、细致，但首先要满足营养需要，日粮粗蛋白18%~19%，代谢能

11.7MJ/kg 以上，钙 3.3% ~3.6%，有效磷不低于 0.4%。尤其重要的是保证日粮各种氨基酸比例的平衡并含有足够量的复合维生素、矿物盐及酶类物质，否则难以保证在高峰期维持较长的时间。

（2）努力营造一个舒适的产蛋环境。主要包括舍内温度（13~23℃）、相对湿度（55% ~65%）、空气质量、通风与光照及饲料质量等综合因素。

（3）严格确定合理的光照时间。开产后随着产蛋率的提高，相应地逐步延长光照时间（只能延长不能缩短），直至产量高峰（27~28周龄）将光照时间恒定在 16.0~16.5h，且将每天的开关灯时间严格固定下来，不可随意更改。

（4）保持饮水供给和清洁卫生，产蛋期不可断水，杜绝非工作人员入舍，工作人员在操作时要轻拿轻放，不要随便改变服饰，尽量避免因外界刺激造成的一切应激反应。如果饲养与管理不当，在产蛋上升期间遭到逆境致使产蛋率下降则难以复原。

2. 产蛋中期

产蛋中期（43~60周龄）是产蛋高峰后，产蛋率逐渐下降期。优秀的高产蛋鸡平均产蛋率仍可维持在 80% 以上的较高水平。如何使产蛋率保持平缓下降是此阶段饲养管理的关键。

（1）首先思想上要有正确的认识，要像对待产蛋前期一样，决不可以为产蛋高峰已过而放松管理水平或盲目降低日粮营养水平。

（2）此时产蛋鸡逐渐出现羽毛脱落现象，鸡舍尾梁、墙壁、窗户等处蓄积有一定的尘埃污物，舍内空气质量与产蛋初期相比也有一定程度的恶化。因此，更需要加强对舍内环境卫生的管理和整治，营造安静、卫生、通风良好、温湿度适宜的生活、生产环境，减少疫病发生。

（3）适当降低粗蛋白和能量水平，适量补充复合维生素，这样有利于鸡恢复高产带来的疲劳，使其保持较高的产蛋水平。

3. 产蛋后期

就产蛋鸡生产能力及生殖生理规律而言，进入 60 周龄后可视为是产蛋后期（61~72周龄）。此时群体产蛋率已处于一个相对较低的水平（70% 左右），即使供给高水准的日粮也难以改变。由于鸡体生理机能的退化，对钙质的吸收利用能力降低。因此，在日粮营养水平上做一定的调整，以高能量（代谢能 11.7MJ/kg以上）、高钙（含钙3.4% ~3.8%）、低蛋白（14.0% ~14.5%）为特征。

在管理上可将光照时间延长 0.5~1.0h，以增强对母鸡性腺活动的刺激，从而增加产蛋强度，同时随时将休产、低产鸡剔除。

二、蛋鸡产蛋期的管理

(一) 观察鸡群

观察鸡群的目的是为了了解鸡群的健康、采食和生产情况。饲养人员除了喂料、拣蛋、清粪打扫卫生和消毒工作以外，最重要的还有观察和管理鸡群，及时发现和解决生产中的问题，以此保证鸡群健康和高产、稳产。

(二) 减少应激

蛋鸡对环境的变化非常敏感，尤其轻型蛋鸡。如，抓鸡、注射、免疫、断喙、换料、停水、停光、陌生人进入鸡舍、异常声音、新颜色、飞鸟等，都会引起鸡群的惊恐而发生应激反应，影响鸡的正常生活和生产性能。因此，要相对固定饲养人员，保持鸡群生活生产环境稳定良好：如，使光照、温度、通风、供水、供料等符合要求并保持稳定。根据生产情况需要调整时，要注意防止突然改变，要有一个过渡的时间，使其逐渐适应，以减少应激。

(三) 采取综合卫生防疫措施

经常洗刷水槽，料槽，定期带鸡消毒。并保持鸡舍及周围环境清洁。

(四) 采用优质全价日粮

保持饲料新鲜，无霉变，坚持少给勤添的原则，及时淘汰低产和停产鸡。

(五) 供给水质良好的饮水

(六) 做好生产记录

进鸡时的动物检疫合格证、每批鸡的生产管理档案、日产蛋、死淘、饲料消耗、免疫、抗体检测、兽药使用等。

第六节　不同季节的管理

一、春季的管理

蛋鸡的产蛋期最适宜温度在 13～23℃，低于 5℃时，产蛋量明显下降，饲料消耗增加，因此，在气候多变的春季，要使蛋鸡保持稳产和高产，就必须进行科学的饲养管理。

(一) 保温与通风

春季虽然舍外气温逐渐升高，但气候多变，早晚温差大。产蛋鸡每日采食量、饮水量较多，空气易污染，影响鸡的健康，降低产蛋率。因此，必须注意通风换气，使舍内空气新鲜。在通风换气的同时，还要注意保温。要根据气温高低、风力、风向而决定开窗次数、大小、方向，要先开上部的窗户，后开下部的，白天开窗，夜间关闭，温度高时开窗，而温度低时关闭，无风时开窗，有风时关闭。这样既可避免春季发生鸡呼吸道病，又可提高产蛋率。

(二) 光照管理

春季昼短夜长，自然光照不足，必须补充人工光照，以创造符合蛋鸡繁殖生理所需要的光照。方法是将带有灯罩的 25W 灯泡（按 $3W/m^2$ 的量计算）悬吊距地面约 2m 高处，灯与灯之间距离约 3m。若有多排灯泡应交错分布，以使地面获得均匀光照和提高电灯的利用率。要采取早晚结合补光法，补光时间相对固定，防止忽前忽后，忽多忽少。要保持蛋鸡的总光照时间为 15～16h。

(三) 提供充足的营养

高峰期的产蛋鸡，当产蛋率在 85% 以上时，每日蛋白质进食量应为 18g，代谢能为 1.26MJ，因此，要求每千克饲料中代谢能 11.56～11.95MJ、粗蛋白质 17%～18%、钙 3.6%～3.8%、磷 0.6%，为了保证产蛋鸡所需的能量，饲料中的麦麸应低于 5%，在 2～3 月可添加 2% 的油脂。

(四) 添加预防药物

由于新母鸡产蛋高峰来的快、持续时间长，应在不同阶段添加预防药物，防止发生输卵管炎、腹泻、呼吸道等疾病。

二、夏季的管理

在炎热的夏季，若鸡舍内通风设施不健全，鸡舍内温度太高，高于鸡正常生产的适宜温度会引起死淘率增高，采食量减少，产蛋率下降，同时夏季其他不良因素也太多，为了克服这些不利因素，更好地发挥鸡的生产性能，提高经济效益，特将夏季蛋鸡饲养管理注意事项总结如下。

(一) 改进鸡舍内外环境，加强通风换气和降温

"通风换气是个宝，任何药物替不了"，通风不良乃百病之根源。加强通风不但能提供给鸡群充足的氧气，还能将有害气体排出舍外。从而减少呼吸道病的发生机会。当舍内气温降低后，由于鸡的饮水量接近正常，从而避免了鸡由于需大量饮水来散热，导致消化液被冲淡，影响消化功能和鸡粪过稀等的不良影响。

有条件的尽量使用通风降温设施，用风机进行负压或正压通风。用湿帘加湿以降低舍温。另外定时在地上洒水，利用水蒸发吸收舍内热量以降温，减少热应激。当洒水降温时，一定要结合通风措施，否则会造成高温高湿环境，对鸡群更为不利。及时清理舍内鸡粪，杜绝饲料的污染和霉变也是很重要的。

(二) 供给足够的营养和饮水

夏季天热，鸡的采食量低，不能摄入充足的营养物质。当鸡舍温度超过30℃时，鸡的采食量要减少10%以上，因此要合理调整饲料配方，保证提供充足的营养物质。以往有人主张要改为低能高蛋白饲料，现在则主张要高能高蛋白饲料，因为采食少，所以也要提高充分的产蛋用能，要饲喂高能高蛋白饲料，大约可增加5%的能量（能量不足在一定程度上会造成蛋白质的浪费，有时还会出现痛风），增加10%的蛋白，这样才能不至于减少产蛋。比如鸡的全价料中含粗蛋白17%，当少吃10%时，相当于提供给鸡群一种15.3%粗蛋白的饲料，同时代谢能、维生素、氨基酸、微量元素和钙磷等营养物质的摄入量都要相应减少，这会使鸡群的开产体重和高峰体重达不到标准而造成开产晚、蛋重小、高峰不理想、没有产蛋后劲、脱毛现象严重、免疫功能降低等后果，还易暴发各类疫病。

夏季鸡群是靠增加饮水来散发体内热量的，不可避免地造成鸡粪稀薄，这要靠加强通风降低舍温和调整饲料配方来调节饮水量，万万不能人为限水，否则会影响蛋壳品质、蛋重和产蛋量。

(三) 改变加料程序，合理调整加料时间

应抓好早晨和傍晚两个采食高峰，分二次加料，二次匀料，一次补钙法，在7：30左右加第一次料，10：00左右匀料一次，15：00左右第二次加料，17：30左右匀料一次，同时给予一定量的贝壳粒，便于钙质在夜间的吸收。光照时间可不变，早上4：40开灯，晚上开灯至8：40，保证全天光照16h。

(四) 减少应激，提高鸡的福利待遇

夏季转群和防疫要在早上或傍晚进行，不要在天热时进行；在饲料中要多添加维生素E和维生素C以抗应激；加强灭蚊蝇、麻雀、老鼠、黄鼠狼等，避免其对鸡造成应激；给予充足的清凉饮水；避免在鸡舍外施工和机械发出大的噪声。

(五) 加强卫生防疫，防止传染病的发生

定期进行带鸡喷雾消毒，加强水食槽的消毒，饮水中加万分之一的百毒杀消毒，鸡舍地面用3~5%的火碱水消毒，隔一个月在饲料中加抑制和杀灭大肠杆菌、沙门氏杆菌及治疗肠炎的抗菌素（如环丙沙星、恩诺沙星、呼喉霸等）3~5d，能有效减少死淘率，增加生产性能。由于天热，饲料中的维生素易失效，因此最好用现配，或头一天配第二天喂。并要酌情增加饲料中维生素E的含量，保证营养并延长饲料内维生素的失效期。

(六) 夏季产蛋鸡易患疲劳症

应注意防暑降温，加强通风饮水，保证钙、磷、维生素D_3供应，同时在饲料中适当添加抗菌素，以减少由该病造成的死亡。

总之，只要充分加强管理，调整配方，加强通风换气，降温，减少应激，提高营养，加强卫生防疫和消毒，夏季也能发挥蛋鸡的最大生产性能。

三、冬季的管理

冬季气温低，气温变化反复无常，鸡群易受到冷的应激，常导致生产性能和抵抗力下降，并易引起呼吸道传染病、胃肠道疾病，为此，在饲养过程中应注意以下几个方面。

(一) 做好防寒保暖工作

冬季来临之前，要做好鸡舍维修和供暖设施的准备，在雨雪天气和寒潮期间，要注意保暖。在断喙、防疫前后、发病期和转群时应注意保暖，因此在寒冷天气或雨雪天气，应避免转群，如要转群，要把鸡舍温度先升起来，以免转群后再受到冷应激而导致致肾型传支和感冒。

(二) 通风换气

冬季仍然要注意通风，但应避免冷分直接吹袭鸡群。晴天一般在10：00～14：00之间进行通风，连续开窗数次，每次10～30min，鸡舍最好采取纵向通风。在舍内放置石灰吸潮，每星期每平方米地面撒400g过磷酸钙消除舍内的氨气。用艾叶、大青叶、苍术、大蒜秸秆各用100d，放人舍内熏蒸，除去舍内异味，每10d熏蒸1次。

开放式鸡舍的通风换气，要根据风力的大小、天气阴晴、气温高低来决定开窗的次数、大小和方向。一般情况下，冬天和早春北面窗户夜间关闭，白天无大风天气可适当打开通风换气。南面窗户白天可以打开，夜间少量窗户可以不关，以利于通风换气，昼夜温差不大，无大风天气时，北窗可以部分或全部打开。这样能保持舍内空气新鲜，同时有一个良好的温度环境，在通风换气与温度相矛盾时，要以通风换气为主。

(三) 调整日粮，增加营养

寒冷季节气温低，蛋鸡的热能消耗大，为保持高产稳产，提高日粮的营养水平，增加动物性原料的比例，增加玉米、谷物等能量饲料的比例，全面满足蛋鸡对蛋白质、矿物质、维生素等的需要。也可酌情添加1%的油脂，这样既能增加饲料的适口性，又能有效帮助鸡体抵抗寒冷，增加蛋重，提高饲料报酬。

(四) 人工补充光照

蛋鸡产蛋高峰期间每天需16h的光照。寒冷季节昼短夜长，自然光照时间及强度均不足，应人工补充光照。补充光照时光照强度以每平方米地（架）面达到 3W 为宜，将带有灯罩的 60W 以内的灯泡悬吊距地面 2m 的高处，灯与灯之间的距离约 3m，若有多排灯泡，要交错分布，以便使舍内各处光线照射均匀。每天早晚 2 次开灯，第 1 次早晨 5：00 开灯至天亮关灯，第 2 次天黑时开灯至 21：00 关灯。若遇阴天，白天也要开灯。人工补充光照要有规律性，切不可忽早忽晚、时断时续，以免引起产蛋减少或换羽现象。开灯前，要备好饲料和饮水，以便开灯后鸡采食、饮用。

(五) 防应激

冷应激。鸡舍温度低时，要适当增加能量饲料的比例，增加喂量，一般在寒潮前 1~2d，每只鸡每天增加饲料 10~20g，气温每降低 3℃，应给鸡多喂 5g 饲料。另外，可在气温骤降的前 1d，给鸡饲喂防冷应激的药物，其配方及用法如下：葡萄糖 20g、氯化钾 1.5g、碳酸氢钠 2.5g、氯化钠 3.5g，加水 1 000mL 溶解后加温，每天分 2 次喂给，每只每次 50ml，连用 3~5d。在每千克饲料中加入维生素 C 粉 1mg，维生素 E 粉，可预防减轻应激发生。

免疫应激。在给鸡群接种疫苗前 2d 和后 2d，让鸡服用抗应激药物，以提高鸡的抵抗力，减少应激反应。

(六) 搞好消毒

定期搞好鸡舍内外、水槽、料槽、用具等的消毒。消毒剂要选用广谱、高效、无毒、无副作用且粘附性大的药物，如百毒杀（癸甲溴氨溶液）等。要选择 3 种以上不同剂型的消毒液交叉轮换使用，以防产生抗药性。一般在气温较高的中、下午进行消毒，正常情况下每星期消毒 1 次，如鸡群发生传染病、舍内温度较低、尘埃较多时每星期可消毒 2~3 次，同时，药物浓度可降低 10%~20%。

(七) 疾病预防

根据自己实际情况制定合理的防疫程序，定期进行防疫。在饲料中加入一定量的泰乐菌素或恩诺沙星，防治鸡的支原体病。每隔 4 周左右在饲料中加入广谱抗菌药物，如强力霉素、氟苯尼考等，连用 3~5d，增强鸡体抗病能力。预防寄生虫病可在饲料中添加适量的左旋咪唑、阿维菌素等药物。同时，还要细心观察鸡群，及早发现、隔离、诊断、治疗病鸡，妥善处理病死鸡。

第五章
常见鸡病防治技术

随着国内养鸡业的迅速发展，特别是集约化养鸡业的发展，推动了我国鸡病防治和研究工作的较大进展。但是，随着市场经济的发展，养鸡业生产的经营主体多元化，一些企业和个体户盲目扩大生产，片面追求一时的经济利益，忽视养鸡的防疫工作，致使疫病不时发生，造成较大损失。

一、当前养鸡业疾病发生的特点

(一) 传染性疫病危害大

现代养鸡业突出特点是集约化养殖条件，由于饲养规模较大，鸡只数量多，密度大，有利于传染病的流行，常常造成较高的发病率和死亡率。一般是传染性疾病发生最多，约占鸡病的3/4，传染病中以病毒性疫病发生最多，造成的损失最大。生产实践表明，如鸡的非典型性新城疫，鸡流感、减蛋综合征、传染性支气管炎中的肾型传支等。

(二) 鸡病发生的种类增多

俗话说旧病未除新病又起，一些曾在国外或其他地方发生的疫病也在从未发生的地区发生，并呈现逐渐扩大蔓延的趋势，造成不可估量的损失。如近年来新出现和发生的肾型传染性支气管炎、腺胃型传染性支气管炎、特别是鸡流感（A型），要加大资金和控制力度，采取切实可行的防治措施，防止继续蔓延和扩大。

(三) 发病非典型化和病原变异

集约化养鸡条件下，许多养鸡场都比较重视传染病的防治，都制定有免疫制度及程序，尽管按照免疫程序对一些常发病进行了免疫接种和综合防治措施，使之得到了一定程度的控制，但在疫病的流行过程中，病原发生变异（如鸡流感有H_5N_1、H_7N_9），有些病原毒力出现减弱，加上鸡病的流行、症状和病理等方面出现许多非典型变化，产生非典型感染和发病，如临床上见到的非典型性新城疫。另一方面，有些病原的毒力出现增强，虽然经过免疫接种，仍常出现免疫失败，如传染性法氏囊病。

(四) 细菌性传染病危害越来越严重

随着集约化养鸡场的增多 和规模不断扩大，环境污染愈加严重，细菌性疾病明显增多，如鸡的大肠杆菌病、沙门氏杆菌病、支原体病、葡萄球菌病。

(五) 多病原感染病例增多

在临床诊断工作中，经常碰到两种以上的病原对同一鸡体产生危害并发病，继发和混合感染的病例增多，特别是一些条件性、环境性疫病。如不同病毒同时引起的疾病，表现在新城疫和传染性支气管炎，新城疫和鸡流感等；还有病毒病和细菌病混合感染，表现在新城疫和支原体病，大肠杆菌病和病毒病等；两种以上细菌性疫病同时发生，如大肠杆菌病和沙门氏杆菌病，沙门氏杆菌病和其他细菌病等；寄生虫和细菌病；传染性疫病与营养、代谢病等。这些多病原同时混合感染和发生，给诊断和防治带来了一定的困难，要求诊断时分清主次，现场和实验室检验相结合，综合分析，也要求诊断人员由较高的专业水平，才能针对发病实际情况作出正确判断，采取针对性的防治措施，以便收到较好的控制效果，否则，诊断失误不能及时的控制住疫病，会遭受巨大损失。

(六) 环境病原微生物致病日趋严重

在集约化养鸡中，大肠杆菌、沙门氏杆菌、、葡萄球菌等广泛存在于养鸡环境中，这些环境性致病因素可通过各种途径传播，如果因饲养管理不善、综合卫生措施不到位就会趁虚而入，导致疾病的发生。如生产实践中，有的养鸡场、户饲养工艺、设施和生产不配套；不能执行全进全出的饲养制度，畜鸡污染物处理不当等。

二、防治措施

(一) 贯彻"预防为主"的方针，采取综合配套防疫卫生措施

(二) 创造良好的环境条件

现代养鸡业人为的改变了鸡的生存和生长环境，只有使鸡的外部环境与鸡体保持一定的动态平衡，才能是鸡只健康成长。其内容包括场址的选址、鸡舍建设、清洁的饲养环境、适时的免疫接种和科学的免疫程序等。

(三) 实行"全进全出制"全进全出的饲养制度是保证鸡群健康、根除传染病的根本措施

所谓"全进全出"就是同一饲养场或同一栋鸡舍只进同一批雏鸡，饲养同一日龄的鸡，采用统一的饲料、统一的免疫程序和管理措施，并在同一天出场。出场后对整体环境实行彻底打扫、清洗、消毒；并空闲2~3周，再准备饲养下一批鸡。

由于在场内不存在不同日龄的鸡的交叉感染机会，切断了传染病的流行环节，从而保证下一批鸡群的安全生产，这也是现代养鸡业生产中的成功之举。

(四) 健全免疫程序，定期预防接种

根据疫病发生的实际情况，对普遍发生和危害大的几个疫病制定切实可行的净化和扑灭规划，有计划的进行免疫接种。

鸡病的临诊诊断与其他牲畜一样，也应充分了解病史，结合症状及剖检变化，综合分析，其基本方法也是问、视、触、叩、听、嗅六诊，现就家鸡临床诊断的常规方法和步骤，结合临床六诊分别叙述如下。

一、全面了解病史

详细询问户主，鸡群发病的时间、发病时的表现、鸡群生长情况、产蛋变化；每日死亡情况、采食量和饮水量的变化；舍内温度、光照、通风有无异常变化，以及是否受惊吓等应激；周围养鸡户鸡群情况、消毒安全措施等。特别应问清楚饲料来源，饲料卫生及营养情况，鸡群免疫情况。

二、精神状态的观察

包括群体观察与个体观察。群体观察主要看整群鸡的精神面貌，鸣声，采食速度，兴奋程度，散养鸡群集中程度，种公鸡的性行为等。个体观察主要是观察病鸡的体态、精神、行动、鸣声等有无异常，目光是否呆滞无神。病鸡往往表现为精神委靡，独自离群，有时发出异样啼声或怪鸣声，营养及发育不良。患有慢性疾病、寄生虫病等病鸡全身衰弱，不良精神状态更加明显。另外，鸡白痢杆菌病、大肠杆菌病发生时，病鸡也可能出现在发生腹膜炎或卡他性肠炎时，由于病鸡腹压增大，外观病鸡不安或呈疼痛等病态表现。

三、皮肤、羽毛检查

拨开病鸡的羽毛，观察皮肤的颜色，有无损伤、皮下出血、气肿等，检查时应以手触摸触胸部皮肤温度是否正常。检查羽毛，观察是否平整、光滑、有无粗乱、蓬松、脱落现象。若皮肤发绀，多见于鸡霍乱、亚硝酸盐中毒等病；青绿色水肿，多见于微量元素和维生素 E 缺乏以及食盐中毒等，有时在水肿周围皮下有点状或斑纹状出血；皮下气肿多见于气囊破裂等；皮肤干燥皱缩是脱水的表现；皮下出血见于出血性疾病、维生素 K 缺乏和局部损伤；胸部皮肤静脉充血明显时是痛风或肾炎等的病状。另外泛酸缺乏则羽毛生长迟缓、粗糙。缺铁则羽毛粗乱，易于脱落；慢性呼吸病、传染性鼻炎、传染性喉气管炎等病为颈部羽毛被粘液粘着、脏乱、发臭等；日粮中缺乏氨基酸或有外寄生虫寄生时，特别表现为产蛋鸡颈、背、腹等部位羽毛脱落甚至光秃；饲料中氨基酸、维生素及锌等缺乏，在生长的换羽期或产蛋高峰出现啄羽现象；断羽是缺锌或饲料中钙多或酸度大时影响锌的吸收，有时出现翼羽和尾羽全无现象。

四、头、颈、胸检查

头、颈检查主要包括面部、眼睛、冠、髯、嘴以及颈部等，如出现吞咽或摇头动作常见于新城疫；面部水肿多见于传染性鼻炎、鸡流感等；头颈角弓反张是黄曲霉毒索等中毒表现；其他中毒时也可出现头颈肌肉麻痹、头颈伸直、软弱无力；眼睛失明见于角膜炎、马立克氏病、鸡脑脊髓炎；口流涎、眼流泪、共济失调、抽搐、震颤等见于有机磷农药中毒；眼部损伤，流泪，可能舍内氨气过重或福尔马林浓度太大。维生素 A 缺乏时，除喙和小腿部皮肤黄色素消失外，眼流泪、角膜干燥，大鸡表现眼肿胀，有灰白色干酪样渗出物，上下眼睑粘着，甚至失明。冠、髯正常为鲜红色，病态时发绀；贫血、肠道寄生虫病时颜色变淡、苍白等。鸡痘特异性病变为头部有黄棕色痘痂，但冬季则常可能是冻伤。

胸部检查主要是胸骨的弯曲度、胸部皮下有无水疱等，快大型肉鸡常出现胸部损伤。由于饲料配合不当，钙、磷等矿物质及维生素 D 含量不足是造成胸骨弯曲变位的主要原因。

五、腿、脚检查

检查腿脚是否肿大、畸形、跛行，趾是否弯曲、有无损伤、肿瘤等。关节痛风可引起脚趾和脚关节肿胀，歪趾时趾向一侧弯曲；患趾卷曲麻痹时，趾向下弯曲；维生素 B_2 缺乏时趾向内弯曲，膝关节着地；饲料中钙、磷不当或维生素 D 缺乏引起的佝偻病，表现为骨骼柔软、肿大、喙变软；骨短粗症表现为膝关节粗大等，是饲料中缺锰的表现；足掌胀化脓多见于葡萄球菌感染所致。

六、消化系统检查

检查口腔、舌、咽、嗉囊、腹腔脏器等变化是否异常。食欲异常表现为断饲或限饲等长期饥饿或嗉囊阻塞出现的暴食、饲料发霉变质或患有疾病时表现的食欲减少或不食。外界气温升高，发生热性疾病、腹泻，饲料中食盐、镁、钾含量高，以及限水等出现暴饮或饮欲增加。

典型的白喉型鸡痘表现为口腔和咽部粘膜上出现黄色结节或被一层黄白色干酪样物覆盖。

触摸嗉囊，判定其内容物状态。硬嗉病使嗉囊膨大坚硬，内充满未消化谷物或各种异物，引起嗉囊下垂，使嗉囊悬垂，常常使采食到的食物、饮水积于嗉囊内，触摸嗉囊柔软有波动感，倒提病鸡可从口中流出大量稀薄发酸、发臭液体。

腹部膨大、柔软有波动感是腹水表现，常见于慢性腹膜炎、大肠杆菌病、腹水综合症。

鸡腹泻是一种常发症状，其性状对临诊诊断常有帮助，如排绿色恶臭稀粪，见于新城疫、法氏囊病（或白色水样）、霍乱（或绿色）等；雏鸡白痢杆菌病排白色、糊状稀粪；粪中带血或完全血粪见于球虫病、出血性疾病或急性严重盲肠炎。腹泻一般造成肛门周围羽毛被粪便污染，形成痂块。

七、呼吸器官检查

检查鼻孔有无鼻液流出，鼻液是否有异味，一般受凉和传染性鼻炎发生时常流鼻液；发生传染性支气管炎时，有鼻液、咳嗽、气管罗音等；禽流感时咳嗽、打喷嚏、呼吸罗音；呼吸显著困难，而且头颈上伸，甚至张口呼吸、喘气、流鼻液、呼吸湿性罗音等是新城疫、传染性喉气管炎及霉浆体等病症状；鸡痘则表现张口呼吸，并发出"嘎嘎"声；中暑时表现张口喘气，呼吸迫促，两翅张开。

八、神经系统检查

主要是观察病鸡战栗、震颤、痉挛、麻痹、共济失调等症状；临诊有意义的是中毒性疾病多出现昏睡、惊厥、昏迷等；鸡脑脊髓炎以共济失调、震颤为主要表现，慢性新城疫、神经症状比较突出，如阵发性痉挛、震颤、头颈扭曲向一侧或后方，有的腿翅麻痹、步态不稳、转圈或向后倒退；鸡马立克氏病，腿翅麻痹，站立不稳，一脚向前，一脚向后伸，甚至瘫痪；维生素 B_1 缺乏时也表现神经症状。

总之，从临诊角度上要准确诊断出家鸡疾病，除了系统检查、综合分析外，还要在实际诊断过程中不断总结、积累临诊经验，以作出快速准确的诊断。

第七章
鸡病毒性传染病

第一节　　鸡新城疫（ND）

新城疫又名亚洲鸡瘟、伪鸡瘟。在我国民间俗称鸡瘟，它是由新城疫病毒感染引起的以有呼吸道症状、拉黄绿稀粪、产蛋异常和神经症状为特征的一种急性高度接触性传染病。

【流行特点】本病不分品种、年龄和性别均可发生，幼雏和中雏易感性最高。一年四季都能发病，但以春秋季节发病较多。病鸡是本病的主要传染源，在其症状出现24h前，即由口、鼻分泌物和粪便中排出病毒，直到症状消失后5~7d才停止排毒，潜伏期为2~7d。

【临床症状】分为3型，一是最急性型：突然发病，此型病鸡常没有什么临床异常表现，头天晚上正常，次晨死亡。二是急性型：病初体温升高达43~44℃，垂头缩颈，眼半闭，鸡冠及肉髯渐变暗红色或紫色；产蛋鸡产蛋量下降，畸形蛋增多；病鸡咳嗽，呼吸困难，有粘液性鼻漏，常伸头张口呼吸，发出"咯咯"喘鸣声；病鸡嗉囊内充满液体内容物，倒提时常有大量酸臭的液体从口内流出，象提壶倒水一样；粪便呈黄绿色或黄白色，后期排蛋清样的粪便；有的病鸡还出现翅、腿麻痹等症状。三是亚急性或慢性型：病鸡翅腿麻痹、跛行或站立不稳（倒退），头和颈向后或向一侧扭转，常伏地旋转，共济失调，发作后一般经10~20d死亡。

【病理变化】急性型食管和腺胃交界处常见有出血斑或出血带，腺胃乳头肿胀，乳头出血，胃角质膜下也可见出血点；整个肠道充血或严重出血，十二指肠和直肠后段最严重，肠道常呈弥漫性出血，肠粘膜密布针尖大小的出血点；肠淋巴滤泡肿胀，突出于粘膜表面，局部肠管膨大，充满气体粥样内容物；心外膜、心冠脂肪上可见出血点；喉头、气管内有大量粘液，并严重出血；产蛋卵黄膜严重充血、淤血，卵黄破裂，形成卵黄性腹膜炎。亚急性或慢性型：剖检变化不明显，个别鸡可见肠卡他性炎症，小肠粘膜上有纤维素性坏死。

近年来非典型新城疫常有发生，非典型新城疫一般多散发，发病率在 5% ~ 10%，临床症状和剖检病变极不典型，在临床症状上很难觉察，在剖检病变上只有把多只病死鸡的病变症状进行综合分析。如一只病鸡只有肌胃角质皮下出血，其他器官见不到病变；另一只病死鸡只有小肠粘膜见有枣核形肿胀溃疡病变；再一只病死鸡只有盲肠淋巴结肿胀坏死病变；根据三者或四者的剖检病变综合分析的基础上作出初步判定。产蛋鸡严重者卵泡破裂，卵黄散落到腹腔中形成卵黄性腹膜炎。

【防治】鸡群发病后无有效的治疗药物，但在饮水中加适当的多维素和抗菌素，如水溶性多维电解质可提高抗病力，防止细菌病的继发感染，可缓解病情降低死亡率。

加强饲养管理。鸡群发病后，应封锁鸡场，搞好鸡舍环境的消毒，消灭传染源，切断传染途径，发病期间禁止病鸡的运输，病死鸡作深埋等无害化处理。

选用针对性强的疫苗免疫。应采取紧急免疫措施，选用传统免疫原性良好新城疫毒株和分离的强毒株制备的二价新城疫油苗对鸡群进行免疫，免疫效果良好，可控制强度感染。

根据此次新城疫强毒流行特点，建议采用下述新城疫免疫程序：7 ~ 10 日龄新城疫Ⅳ系活苗滴鼻点眼，同时新城疫二价苗或含有新城疫二价的联苗注射进行一次免疫；45 ~ 60 日龄用同样疫苗进行第二次免疫；110 ~ 130 日龄用新城疫Ⅰ系和新城疫二价油苗或含有二价新城疫的联苗进行第三次免疫；必要时在 300 ~ 350 日龄用新城疫二价油苗进行四免，这样可控制新城疫强毒的感染，具体免疫程序应结合当地鸡病流行情况而定。

慎用Ⅰ系苗。Ⅰ系属于中等毒力毒株，对雏鸡有一定的致病性，用后易引起发病，产蛋鸡使用后可引起近一个月的产蛋下降或上升缓慢。只适用于育成鸡，预防免疫最好采用注射方法，紧急接种可采用三倍量饮水。

卵黄抗体对新城疫的治疗效果很差，反而影响疫苗紧急接种，由于发病鸡群体质较弱，一般不宜采用。同时根据鸡的日龄大小，小鸡用Ⅳ系疫苗倍量点眼或饮水。大鸡用Ⅰ系苗进行紧急接种，紧急接种可采用三倍量饮水。

第二节　　鸡流感

鸡流感又称真性鸡瘟或欧洲鸡瘟，是由 A 型流感病毒中任何一型引起的一种全身性、出血性败血症，主要侵害鸡的呼吸系统及生殖系统。

【流行特点】病鸡和带毒鸡是本病的主要传染源，本病可通过呼吸道、消化道、皮肤损伤和眼结膜等多种途径传播，也可通过被污染的饲料、饮水、饲养用具等途径间接传播。另外，野鸡和吸血昆虫也可传播本病毒，以鸡和火鸡最容易感染，潜伏期从几小时到几天不等。受高致病力毒株感染时，发病率和死亡率可达 100%。

【临床症状】强毒型：呈暴发流行，鸡群突然发病，传播迅速，常常不表现任何症状而大批死亡。病程稍长的鸡，出现精神沉郁，废食，羽毛松乱，头颈下垂，鸡冠和肉垂发黑或高度水肿。头、眼、睑、颈和胸部水肿，腿鳞变紫。有些鸡可出现神经症状，如扭颈、抽搐、惊厥和瘫痪等，母鸡可引起产蛋率下降。发病 1 周内，鸡群的死亡率可达 75% 以上，严重者死亡率可达 100%。产薄皮蛋、沙皮蛋，蛋壳颜色变浅变白。弱毒型：以呼吸道症状为主，临床常表现产蛋突然下降，死亡率不高。病鸡仅有腺胃出血，头部和睑部皮下水肿，脚鳞变紫，咳嗽，打喷嚏，呼吸有罗音，鼻窦肿胀，流鼻液，尖叫等症状。有些病鸡下痢，排水样粪便，呈灰绿色。呼吸道型鸡流感，发病率高，死亡率低，但如果有其他并发症时，死亡率明显增高。轻慢型鸡流感：鸡群仅表现为轻微的呼吸道症状，同时伴有产蛋量下降。一般持续几周后，产蛋量可回升。

【病理变化】急性死亡的鸡：仅在内脏浆膜面和心冠脂肪上见到出血点。病程稍长时，头肿大，头部皮下胶样浸润与出血。左心耳、大动脉根及心内膜、心外膜点状出血或灰黄色的坏死灶。有的在腺胃、肌胃、盲肠扁桃体等粘膜上见有出血。腺胃与肌胃交界处呈带状出血，肝、脾、肾明显淤血肿大，肺常呈现血肿或破裂，肝、脾、肾和肺常见灰黄色坏死灶。本病全身出血性变化极为严重，部分病鸡的腺胃粘膜、十二指肠、盲肠扁桃腺及泄殖腔有出血点或斑块状出血，腿、胸部肌肉及腹腔脂肪都有散在出血点。母鸡的卵巢萎缩，卵泡变形，输卵管内有白色粘稠的分泌物。公鸡的睾丸出血、肿大。轻病鸡：可见窦中有卡他性、纤维性、浆液纤维素性、粘液脓性或干酪性炎症，气管粘膜水肿，有渗出物。

【诊断】本病依据流行特点、临床症状和剖检所见病变作出初步判断。但由于鸡流感的临床症状和病理变化较大且无特征性，易与新城疫、支气管炎、喉气管炎等病相混淆，所以，确诊需做病毒分离和鉴定。

【防治】一是对本病做好严格的检疫、监控工作。二是加强生物安全措施，杜绝畜鸡混养、水鸡混养，避免与野生鸟类接触，严格消毒制度等。三是严格按照免疫程序，做好鸡流感疫苗接种。

第三节　传染性法氏囊病

传染性法氏囊病是由呼肠弧病毒引起感染雏鸡的一种急性、高度接触性传染病。临床上以法氏囊肿大和肾脏损害为特征。经饲料、饮水、垫料、尘土、空气、用具、昆虫等而传播。

【流行特点与临床症状】本病以 3~6 周龄鸡最易感。其主要特征是鸡突然发病，羽毛逆立无光泽，嘴插入羽毛中，常蹲在墙角下，严重时卧下不动。随后病鸡排白色奶油状粪便，食欲减退，饮水增加，嗉囊中充满液体。部分鸡有自行啄肛现象。耐过的雏鸡常出现贫血、消瘦、生长迟缓。本病的感染率为 100%，死亡率一般在 10%~30%。

【病理变化】在感染早期，法氏囊由于充血、水肿而肿大。感染 2~3d 后法氏囊的体积和重量增加到正常的 2 倍左右，有淡黄色胶冻样渗出物。严重时出血，法氏囊呈紫黑色，紫葡萄状。切开囊腔后，有出血点或出血斑，囊腔中有脓性分泌物。感染 5d 后，法氏囊开始缩小，第八天后仅为原来重量的 1/3 左右。有些病程较长的慢性病例，外观法氏囊的体积虽增大，但囊壁变薄，囊内积存干酪样物。

【诊断】根据流行特点、症状和剖检病变可做出初步诊断。进一步确诊需进行病毒分离及血清学试验。

【防治】平时应加强卫生管理，定期消毒。种鸡群：2~3 周龄弱毒疫苗饮水；4~5 周龄中等毒力疫苗饮水；开产前用油佐剂灭活疫苗肌肉注射。商品鸡：14 日龄用弱毒疫苗饮水；21 日龄用弱毒疫苗饮水；28 日龄用中等毒力疫苗饮水。为保持疫苗活力，可在水中加入 1% 脱脂乳。为避免病鸡脱水衰竭死亡，可饮用口服补液盐以补充体液。

第四节　传染性支气管炎

传染性支气管炎是冠状病毒属鸡传染性支气管炎病毒引起的一种急性、高度接触性的呼吸道疾病。由于此病病毒的血清型多，毒株变异快，不同血清型间交叉保护作用差，同一血清型不同毒株间保护作用也较差，造成免疫时必须采用与当地流行的毒株相应的病毒制备的疫苗。临床一般多见的有呼吸道型和肾型两种，另外还有腺胃型和变异性传染性支气管炎。

一、呼吸型传染性支气管炎

呼吸型传染性支气管炎是所有各型支中发现最早是一种，此病于1931年在美国达科他州首先发现。主要发生于雏鸡，临床上以呼吸道症状为主，故命名为呼吸型传染性支气管炎。

【流行特点】本病各种年龄的鸡都可发病，但雏鸡最为严重，死亡率也高，一般以40日龄以内的鸡多发。本病主要经呼吸道通过空气的飞沫传给易感鸡。也可通过被污染的饲料、饮水及饲养用具经消化道感染。

【临床症状】常见侵犯呼吸器管、输卵管、肾脏和腺胃。潜伏期1~7d。幼雏表现为伸颈、张口呼吸、咳嗽，有"咕噜"音，以夜间最清楚。病鸡精神萎靡，食欲废绝，羽毛松乱，翅膀下垂、昏睡、怕冷，常拥挤在一起。2周以内病雏鸡，还常见鼻窦肿胀，流粘性鼻液，流泪，甩头等症状。产蛋鸡感染后产蛋量下降25%~50%，同时产软壳蛋、畸形或粗壳蛋。蛋壳颜色变浅。种鸡感染后，受精率明显降低，弱雏数增加。感染肾型支气管炎病，是目前多发并流行范围较广的疾病。鸡被感染后24~28h开始气管发出罗音，打喷嚏及咳嗽，并持续1~4d，这些呼吸道症状一般很轻微，有时只有在晚上安静的时候才听得比较清楚。2~3d后逐渐加剧。病鸡挤堆，厌食，排白色稀便，粪便中几乎全是尿酸盐。体重减少，腿胫部干瘪，肛门周围羽毛粘满水样白色粪便，死亡率约30%。

【病理变化】主要病变为气管环出血，管腔中有黄色或黑黄色栓塞物。幼雏鼻腔、鼻窦粘膜充血，鼻腔中有粘稠分泌物，肺腔水肿或出血。产蛋鸡的卵泡变形，甚至破裂。肾型传染性支气管炎。肾脏肿大，呈苍白色，外形白线网状，俗称"花斑肾"。严重者心包和腹腔脏器表现均可见白色的尿酸盐沉着。肠粘膜呈卡他性炎变化，全身皮肤和肌肉发绀。

【诊断】根据流行特点，症状和病理变化，可作出初步诊断。传染性支气管炎呼吸道病变严重，可与其他传染病区别。

【防治】本病目前尚无特异性治疗方法，加强饲养管理，降低饲养密度，注意温度变化，避免过冷、过热。适时接种疫苗，首免在 7～10 日龄接种传染性支气管炎 H120 弱毒疫苗，二免在 20～30 日龄接种传染性支气管炎 H52 弱毒疫苗。对肾型传染性支气管炎，可于 7～10 日龄肌注肾型传染性支气管炎油乳苗，每只 0.25ml，种鸡在开产前再注射 1 次，每只肌注 0.5ml。

二、肾型传染性支气管炎

鸡肾型传支是鸡传染性支气管炎的一种，由冠状病毒引起的雏鸡呼吸道传染病。临床上以拉白色稀粪、严重脱水、肾脏肿大为特征。该病主要侵害 30 日龄左右雏鸡。

【流行特点】本病由空气传播，鸡群一旦感染，传播非常迅速。发病日龄主要集中在 20～40 日龄左右的雏鸡，个别鸡群在 10 日龄以下或 70 日龄以上也有发生。该病的发生与环境变化、应激反应有密切关系，尤对冷应激反应敏感。发病程度取决于致病毒株的毒力、环境应激、鸡的品种、日龄、抗体水平、性别（公鸡死亡率高于母鸡）、营养（喂高蛋白质饲料的鸡死亡率高于喂低蛋白质饲料的鸡）等多种因素。

【临床症状】病鸡精神沉郁，常聚集在热远处，羽毛蓬松，缩劲垂翅，但大群精神状态良好。发病鸡群呈双向性临床症状，即初期有 2～4d 的轻微呼吸道症状，随后呼吸道症状消失，出现表现上的"康复"，一周左右进入急性肾变阶段，出现零星死亡。病鸡拉白色米汤样稀粪，鸡爪干瘪。

【病理变化】

①机体严重脱水，肌肉发绀，皮肤与肌肉不宜分离，干爪。

②肾脏肿大苍白，输尿管变粗，内有大量白色尿酸盐沉积。

③泄殖腔有一包白色尿酸盐稀粪。

【鉴别诊断】本病应与传染性法氏囊炎进行鉴别诊断（表5-1）。

表5-1 肾型传染性支气管炎与传染性法氏囊炎的区别

肾型传支	传染性法氏囊炎
多发 20～40 日龄	多发 30～40 日龄
大群精神较好	大群精神较差
病鸡精神沉郁、拉白色稀粪、明显脱水	病鸡精神沉郁、拉白色稀粪
肾脏肿大苍白、输尿管充满尿酸盐	肾脏肿大，但程度较轻

（续表）

肾型传支	传染性法氏囊炎
肌肉无出血	腿、胸肌有条状出血
法氏囊无变化	法氏囊肿大、出血，内有分泌物或干酪物

【防治】加强饲养管理：注意通风换气，避免一切应激反应，尤其是在季节交替时注意气温的变化，防止冷应激。

免疫预防：7~10日龄，用VH-H$_{120}$—28/86三联苗滴鼻点眼免疫，同时每只鸡0.3ml肾传支苗或含有肾传支的联苗皮下注射。

发生肾传支后的治疗：

①避免一切应激反应，保持鸡群的安静，提高育雏温度2~3℃。

②降低饲料蛋白质水平2%~3%，以减轻肾脏的负担。

③饲料中多维加倍或饮水中加电解多维，尤其要重视维生素A的添加。

④用VH-H$_{120}$-28/86三联苗三倍量饮水，紧急防疫。

⑤饲料中停止添加任何损害肾脏的药物，如磺胺类药物、庆大霉素、卡那霉素等。对喹乙醇等毒性较大药物也禁止添加。

三、鸡腺胃型传染性支气管炎

鸡腺胃型传染性支气管是1966年9月以来在山东等地发现的一种新病，主要发生在20~80日龄，临床上表现为有呼吸道症状、生长阻滞、消瘦死亡，剖检以腺胃肿大为特征。研究表明该病的病原为冠状病毒，其形态和理化特征与鸡传染性支气管炎病毒相似，但血清学特征与呼吸道型和肾型传支有较大的差异，因其最特征的病变是腺胃肿大，故暂定名为腺胃型传染性支气管炎。

【流行特点】该病主要发生于20~80日龄的鸡，20~40日龄为发病高峰。目前已发病鸡的品种有：罗曼、海赛、海兰、尼克红、伊莎等。人工感染，该病的潜伏期3~5d，病程10~30d，自然感染鸡的病程较长，有的长达40d以上（可能与继发感染、混合感染有关）。该病主要通过接触传播。该病的发病率90%以上，死亡率差异很大，有的毒株人工感染发病率30%~60%，死亡率10%~30%。

【临床症状】自然发病，发病初期仅表现为生长缓慢，继尔出现精神不振，采食、饮水减少，拉稀有呼吸道症状。发病中、后期，病鸡精神高度沉郁，闭眼、耷翅、羽毛松乱（与法氏囊病相似），有的鸡咳嗽或张口呼吸，病鸡消瘦，大群鸡体重差异很大，很象不同日龄的鸡的组成的鸡群，最后病鸡因衰竭而死亡。

【剖检变化】病死鸡消瘦，发病初期器官有粘液，中后期出现本病特征性病变。腺胃显著肿大，如兵乓球状，腺胃壁增厚，腺胃粘膜有出血和溃疡，个别鸡腺胃乳头肿胀、出血或乳头处凹陷、消失，周边出血、坏死、溃疡。肠道，尤其是十二直肠肿胀，卡他性炎症。30%病死鸡肾肿大，有尿酸盐沉积。若无混合感染，肝、脾等无明显病变。

【诊断与鉴别诊断】根据发病特点、临床症状和病理变化作出初步诊断，采集病死鸡的腺胃分离鉴定病毒，方可确诊此病，临床诊断时应注意与下列几种病的区别。

新城疫（ND）：除了表现腺胃乳头或粘膜出血外，并不肿大，而且肌胃下层有出血，肠道粘膜有枣核状出血或溃疡，病后期出现扭头等神经症状，同时发病鸡抗体检测 HI 高低不齐或很低，将病料接种鸡胚，尿囊液有血凝价。

马立克氏病（MD）：两种病都表现极为消瘦，MD 多在 60 日龄以后发病，神经型 MD 的坐骨神经肿胀，内脏型 MD 表现为内脏器官肿瘤，在肝脏、脾脏、肾脏、心脏、卵巢、肺脏、肠道、胰脏、腺胃等剖位出现不同程度的肿瘤结节。MD 的腺胃肿瘤，腺胃壁极厚且硬，切开看有很深的溃疡窝，而腺胃型传支则没有溃疡窝。

白色念珠菌病：又叫鹅口疮，是由真菌引起的鸡类疾病，以口腔、嗉、囊和腺胃病变及体弱为特征，容易与该病混淆。营养不良、环境较差及过多使用抗生素都会引起该病的暴发。该病嗉囊增厚，粘膜表面覆盖一层白膜或颗粒状，严重时波及腺胃，引起腺胃肿大，粘膜出现黄白色坏死灶。取病变部粘膜制成切片镜检可见到革兰氏阳性菌丝及孢子，另外用制霉菌素或硫酸铜治疗效果明显。

铅中毒：铅中毒可引起腺胃肿大，但若发病鸡无接触铅的病史就可排除中毒的可能。

鸡肌胃糜烂：鱼粉中的组织胺和组氨酸在加热时与鱼粉中的酪蛋白络合，形成致肌胃糜烂毒物。在配合饲料中鱼粉超过 7% 会引起肌胃糜烂。劣质（腐败、变质）鱼粉更易致病，发病鸡表现肌胃扩张，肌胃和腺胃内黑色内容物，肌胃角质膜糜烂、溃疡、严重者肌胃穿孔，引起腹膜炎。腺胃扩张、质软、不成形、乳头消失，有的穿孔、出血。停喂或减少鱼粉，加维生素 B_6，饲料中加入牛磺胆酸可预防发病。

【防治】现有的各种呼吸道型和肾型传支疫苗（活苗或灭活苗）均不能预防此病。为预防此病的发生，农业部动物检疫所生物制品车间从 1996 年 10 月开始用分离毒制成腺胃型传支单联或多联（新城疫-腺胃传支二联，新城疫-肾传支-腺胃传支三联，新城疫二价-肾传支-腺胃传支三联等）油乳剂灭活苗。此病无特效治疗方法，减少饲养密度，加强饲养管理，严格消毒，增加维生素和微量元素的摄入量，介绍应激，提高鸡体抵抗力可减少发病率。抗菌类药物对病本身无治疗作用，但可预防和治疗细菌性混合感染，降低死亡率。

四、产蛋鸡变异传染性支气管炎

产蛋鸡变异传染性支气管炎是农业部动物检疫所在胶东地区发现并命名的病毒性呼吸道传染病。此病由冠状病毒引起，期传播速度及临床症状与传染性支气管炎相似，但此病只发生于产蛋鸡群，传统的传支疫苗（包括肾型传支）不能防止此病的发生和流行。此病毒的形态和理化特征与 IBV 相似，但其血清学特性、免疫学特性及致病性 IBV 差异很大，故称其为产蛋鸡变异传染性支气管炎病毒。

【流行病学】此病只发生于产蛋鸡群，初次感染的鸡场，任何日龄的产蛋鸡均可感染发病，而同场饲养的鸡场和育成鸡均无感染症状的抗体产生。已污染的鸡场多于 170～210 日龄临近产蛋高峰的鸡群爆发。此病主要通过呼吸道传播，蛋种鸡、肉鸡和商品鸡均可发病。此病与应激均可诱发此病。国产和进口的各种传支疫苗钧不能防止此病的发生和流行。

【临床症状】发病初期鸡群有以"呼噜"为主的呼吸道症状，若无混合感染，则没有咳嗽和甩鼻声音，这种呼吸道症状一般持续 5～7d，出现呼吸道症状的同时，采食量下降 5%～20%，粪便变软或拉水样便，但 2～7d 后即可恢复。此病的特征症状或上升缓慢，康复后达不到应有的产蛋水平。产蛋高峰期的鸡发病时，前一两天产蛋量出现波动，2～3d 后迅速下降、一般下降 20%～50%，康复后也达不到原来水平和蛋重。老龄鸡发病后，产蛋率迅速下降、回升很慢、回升幅度较小。产蛋下降的同时，所产蛋表现粗糙、看似陈旧蛋，部分蛋壳变薄，褐色蛋颜色变浅、甚至变白。产蛋恢复期小蛋、畸形蛋明显增多，也可能出现软皮蛋。异常蛋占总蛋量的 5%～10%。采食和产蛋恢复情况因鸡群的健康状况及饲养管理情况差异很大。无继发感染的鸡群发病后死淘率无明显变化，恢复后有一部分鸡停产。

【剖检变化】本病无特征性肉眼变化，发病初期气管内有粘液、卵泡充血、输卵管水肿、肠道有卡他性炎症。产蛋恢复后个别鸡输卵管充血、水肿、卵巢萎缩。

【防治】此病发生后无有效治疗方法，此病的发生与应激密切相关，只有采取加强饲养管理和环境消毒，提前免疫等综合措施才能有效地控制此病的发生和流行。

第五节　传染性喉气管炎

鸡传染性喉气管炎是由 A 型疱疹病毒引起的急性接触型呼吸道传染病，临床上与传染性支气管炎极相似，但本病以成年鸡多发，不仅引起部分鸡死亡，还可致使蛋鸡产蛋下降，造成重大的经济损失。

【流行特点】本病主要发生于成年鸡，症状也较严重和典型。小鸡虽然也可发病，但症状很轻微。主要通过呼吸道传播，病鸡和康复鸡是主要的传染源。传播速度较快，但发病率没有鸡传染性支气管炎高，一般在 30% ~ 50%，死亡率略高于呼吸道型的鸡传染性支气管炎。

【临床症状】病鸡呼吸困难，有的表现伸颈、坐地张嘴喘气姿势，同时发出喘鸣音。咳嗽频频，常咳出血样粘液或血块，或甩头，甩出带血的渗出物。病鸡眼睑肿胀，失明、流泪。产蛋鸡群的产蛋率下降 12% 左右，产出的蛋褪色、薄壳的较多。

【病理变化】喉部、气管粘膜肿胀、出血、糜烂。气管内有血栓。喉头、气管内有黄色、白色的干酪样渗出物。

【诊断】本病与其他呼吸道病相似，需从以下几点区别：常突然发生，传播快，成鸡发病多；有头向前、向上张口呼吸动作，咳嗽带血粘液；气管呈卡他性和出血性炎症病变，并以管腔内有血凝块为典型。

【防治】保持环境通风良好，搞好清洁卫生和消毒，鸡群密度合理，可减少本病的发生。本病流行地区可用鸡传染性喉气管弱毒苗分别在 35 ~ 40 日龄和 80 ~ 100 日龄接种免疫 2 次。因为疫苗毒力较强，黄羽鸡反应较重，宜慎重。本病目前尚无疗效确凿的治疗方法。

第六节　产蛋下降综合征

产蛋下降综合征是由腺病毒引起的一种病毒性传染病。该病主要表现为产蛋下降和蛋壳异常，蛋体畸形，产蛋率下降，严重的产蛋率可下降 30%。

【流行特点】任何年龄的鸡均可感染。幼鸡感染后不表现任何临床症状，只有到开产以后才表现症状。26～35周龄的所有品系的鸡都会感染，危害也最严重。不同品系的鸡对EDS76病毒的易感性有差异，产褐壳蛋的母鸡较产白壳蛋的母鸡易感。

【临床症状】病鸡无明显临床症状，通常是26～36周龄突然出现群体性产蛋下降，产蛋率比正常下降20%～50%。同时，产出软壳蛋、薄壳蛋、无壳蛋、小蛋。蛋体畸形，蛋壳表面粗糙，如白灰、灰黄粉样。褐壳蛋则色素消失，颜色变浅。蛋白水样，蛋黄色变淡，或蛋白中混有血液、异物等。异常蛋可占产蛋的15%以上，蛋的破损率增高。产蛋下降持续4～6周后又恢复到正常水平。患病鸡群的部分鸡，可能出现精神差、厌食、贫血、腹泻等症状。

【病理变化】本病常缺乏明显的病理变化，其特征性病变是输卵管各段粘膜发炎、水肿、萎缩，病鸡的卵巢萎缩变小，或出血，子宫黏膜炎症，肠道出现卡他性炎症。

【诊断】在饲养管理正常情况下，产蛋鸡处于产蛋高峰时，突然发生不明原因的群体性产蛋下降，同时伴有畸形蛋，蛋质下降；剖检可见生殖道病变，临诊上也无特异的表现时，可怀疑为本病。但需进一步做病毒分离与鉴定和血凝抑制试验才能确诊。

【防治】本病尚无有效的治疗方法，只能从加强管理、免疫、淘汰病鸡等多方面进行防制。在发病时，可喂给抗菌药物，以防继发感染。加强卫生管理是预防此病的重要环节。免疫接种是本病主要的防治措施。对18周龄后备母鸡肌肉或皮下接种"新城疫-减蛋综合征二联油苗"0.5ml。为防止早期感染，预防接种可提前至100日龄。治疗可采用抗病毒中西药物，配合抗生素预防混合感染。

第七节　大头肥脸（鸡肿头）综合症

病鸡眼周围、头面部、甚至下颌及肉垂肿胀，呈典型的"大头肥脸"状，并表现一定的摇头、斜颈等神经症状。剖检头面部皮下，可见黄色胶冻样或脓性水肿。该症是由鸡肺炎病毒引起并继发致病性大肠杆菌等细菌感染的一种多因素传染性疾病。

【流行特点】本病主要发生于1～2周龄肉鸡，也感染蛋鸡。通过空气传染，在鸡群中传播还快，2～3d内波及全群。环境因素对本病发生起重要作用，舍内温度低、干燥及尘土飞扬等不良因素，均可促使本病的发生。

【临床症状】初期打喷嚏，结膜充血，泪腺肿大使内眼角呈卵圆形突出，眼周围及眼眶下窦肿胀，冠肿胀，皮下水肿，两眼闭合，病鸡用爪搔抓面部。出现轻度呼吸困难。有的病鸡出现神经症状，如歪头、斜颈、运动失调。还有个别病例有角弓反张症状，病鸡常因失明而丧失采食死亡。产蛋鸡产蛋率明显下降，一般可下降10%左右，常出现卵黄性腹膜炎，死亡率在10%～20%。

【病理变化】头部水肿、支气管炎、气囊炎、肠系膜肿胀，有胶冻样浸润，产蛋鸡死亡均有卵黄性腹膜炎。

【诊断】根据该病的特有的临床症状鸡病理变化初步可以诊断，但由于病因复杂，常继发大肠杆菌，确诊时必须通过分离病毒。病料取自发病初期鼻腔分泌物和窦内容物，如果病鸡已出现严重的症状，常分离出大肠杆菌和其他细菌，这时难以分离到本病的病毒。

【防治】

改善饲养环境。

防止细菌继发感染，可选用磺胺间甲氧嘧啶（0.03%）、环丙沙星或氨苄青霉素治疗，可适当配合抗病毒药物。

注射弱毒苗（1日龄喷雾）或灭活苗免疫。

第八节 鸡 痘

鸡痘是由鸡痘病毒引起的，属于痘病毒科，鸡痘病毒属，形状呈砖形或卵圆形，有囊膜，是皮肤和粘膜病变的一种高度接触性传染病，死亡率达15%～30%；病毒大量存在于病鸡的皮肤和粘膜的丘疹水泡、脓泡、痂皮内。健康鸡，往往是因为与病鸡接触或啄食了病鸡脱落的痂皮而被感染。尤其是鸡舍面积小，鸡只过于拥挤，环境卫生恶劣，蚊虫大量孳生时最易发生。

【流行特点】鸡痘感染于鸡的性别、年龄、品种无关。在幼雏中由于鸡冠未长出来，因此多发于皮肤少毛部分，如喙与皮肤交界处，泄殖腔周围。一月龄左右至初产期的鸡发病较多，而两年龄以上的鸡很少发病。

鸡痘一年四季均可发生，但皮肤型多发于夏、秋季，粘膜型多发生于冬季。

【临床症状】

皮肤型：这一型鸡痘常在病鸡的鸡冠、肉髯、喙角、眼睑、耳球等无毛和少毛的皮肤上发生灰白色小结节。小结节逐渐增大并且相互融合，形成高出于皮肤表面的灰褐色厚痂，严重时将眼睑封闭。痂皮可存留3~4周，以后脱落，留下一个灰白色的瘢痕。

粘膜型：这一型鸡痘多发生于小鸡、中鸡，在鸡的口腔和咽喉粘膜上发生黄白色结节，逐渐增大、融合形成一种坏死性假膜，不易脱落，用力剥离后表面易出血。该型对鸡危害特大，常常造成鸡只因为呼吸困难而死亡，病死率一般高达50%。

混合型：皮肤、粘膜均被损坏，并造成鸡角膜浑浊，眼球下陷，严重者甚至失眠。

【诊断】一般养鸡场内，鸡痘的发生不是散在发生，而是群体发生。刚开始时，在眼睑、耳球等无毛和少毛处出现出血样变化，一个星期后，出现鸡痘的典型临床症状。据此，可作出初步诊断。

【治疗】首先用2%双氧水或0.1%高锰酸钾清洗创面（有痂皮的，用手剥落，然后清洗）。消毒完毕后，用大蒜捣成泥状涂于患面，效果明显，但对口腔、眼结膜处不方便使用，因为大蒜刺激性大。也可用龙胆紫清洗创面，清除完毕后，口腔内用碘甘油涂擦，皮肤上用碘酊进行涂擦。在有条件的地方可用鸡痘高免血清进行治疗，疗效更佳。

第九节　鸡白血病

鸡白血病是由鸡白血病肉瘤病毒群病毒引起的慢性传染性肿瘤病，也叫做鸡淋巴细胞白血病，俗称"大肝病"。鸡白血病病毒属反转录病毒科，C型肿瘤病毒属，鸡白血病/肉瘤病毒群。该病毒还可分为A、B、C、D、E 5个亚群。其中，A亚群是最主要的致病毒株。该病毒对乙醚和氯仿敏感，对热不稳定，高温下可快速灭活。该病多发于3~8个月龄的母鸡，潜伏期长，但病程很短，病鸡一般无特异的临诊症状。多数病鸡表现食欲下降，行动迟缓，鸡冠苍白、萎缩，病鸡消瘦，腹部常增大，常可触摸到肿大的肝、肾和法氏囊。在患骨硬化病的病鸡可见在骨干或骨干后端有均一的或不规则的增厚。晚期病鸡的骨呈特征性的"长靴样"外观。病鸡发育不良，苍白，行走拘谨或跛行。

【流行特点】本病主要感染鸡，但其实验宿主范围较广。劳氏肉瘤病毒的宿主范围很广，它能在雉、珠鸡、鸭、鸽、鹌鹑、火鸡和鹧鸪引起肿瘤。

鸡白血病病毒主要经卵垂直传播，种蛋的感染频率较低，但用感染的鸡蛋孵出的雏鸡，可发生持续性毒血症，增加了鸡白血病死亡的危险性。而且可使后代鸡群的产蛋量下降，并将感染通过鸡蛋一代一代传播下去，但公鸡不能引起病毒的垂直感染。由于日龄、性别、品种的不同，鸡白血病发病率有很大差异。实践中发现本病多发生在4个月龄以上，特别是6个月龄以上的母鸡，4个月龄一下的鸡很少发生。病鸡通过粪便和唾液排毒，从而造成同群鸡的水平传播。

【临床症状】该病多发于3~8个月龄的母鸡，性成熟前后是发病高峰，潜伏期长，但病程很短，病鸡一般无特异的临诊症状。多数病鸡表现食欲下降，行动迟缓，鸡冠苍白、萎缩，病鸡消瘦，腹部常增大，常可触摸到肿大的肝、肾和法氏囊，肝脏的肿瘤往往是结节性的，一旦发现症状，病程发展很快，病鸡会因肝破裂或衰竭而死亡。骨化石病：在患骨硬化病的病鸡可见在骨干或骨干后端有均一的或不规则的增厚。晚期病鸡的骨呈特征性的"长靴"样外观。病鸡发育不良，苍白，行走拘谨或跛行。

【诊断】本病结合流行病学、症状、病理变化可确诊。由于该病侵害部位几乎波及所有内脏器官，内脏各器官形成大小不等的白色肿瘤，肿瘤之地柔软、光滑、闪光，切面略呈淡灰色或乳白色，瘤体呈结节状、粟粒状或弥漫性，亦可呈混合型。肿瘤常发生部位是肝、脾、法氏囊，其次是肾、卵巢、骨髓和胸腺。肝脏肿大，比正常的肿大数倍，甚至盖满整个腹腔，故又称"大肝病"。肝脏上有弥散性或颗粒型以及结节型的肿瘤，使整个肝表面呈颗粒状凹凸不平，或肝脏褪色。脾脏常见肿大，较正常可大数倍，在紫红色的切面上可见灰白色结节状肿瘤，灰白色的肿瘤组织有时向脾的表面隆起。在正常的情况下，100日龄以上的鸡法氏囊已经退化或消失，按白血病的发病日龄来看，法氏囊应该不存在或仅剩痕迹，但当白血病发生时，几乎都能看到法氏囊存在并形成肿瘤，由于肿瘤的发育而使法氏囊肿大数倍，而且坚实，失去了原来的构造，切开可见有的坏死并有豆渣样物质存在。

【防治】目前对鸡白血病尚无有效的治疗办法。因鸡白血病的主要传播为垂直传播，水平传播仅处在次要地位，故种鸡场应着手于建立无鸡白血病的净化鸡群。雏鸡应引自无鸡白血病的种鸡群。

对被病鸡分泌物和排泄物污染的饲料、饮水、饲养用具等应彻底消毒，防止通过直接接触或间接接触的水平传播。本病目前尚无有效的疫苗供使用。

第八章
鸡细菌性传染病

第一节　鸡大肠杆菌病

　　鸡大肠杆菌病大多数鸡场都有发生，发病率和死亡率都比较高，已成为危害养鸡业重要传染病之一。本病一年四季均可发生，夏、秋、冬、春气候变化大时发病最多。感染以 5~8 周龄的幼鸡为多，并与其他病混合感染，白壳蛋鸡与褐壳蛋鸡无明显差异。

　　【病原】大肠杆菌病是由不同血清型大肠杆菌引起的综合性疾病，国内已分离鉴定的鸡致病性大肠杆菌血清型有 30 多个，其中，以 O_1、O_2、O_{78} 3 种致病最明显。

　　【流行病学】大肠杆菌是鸡类肠道里的常在菌，通过粪便排出体外，在自然界中也普遍存在。尤其是环境恶化及饲养管理不好的鸡场，可大大降低鸡体抵抗力而诱发本病的发生。反之，良好的环境、稳定的饲养管理可使该病不发生或少发生。发病率和死亡率也与上述因素密切相关。产蛋鸡如感染了大肠杆菌病，可造成持续不断地大量死亡，损失也很严重。常与沙门氏菌、传染性法氏囊病、新城疫等并发或继发感染。

　　【剖检变化】由于病型不同，可得到不同的病理变化。

　　初生雏早期死亡、死胎剖解时可见到卵黄囊变大、吸收不好，卵黄内容物粘稠，黄绿色干酪样，有的呈棕黄色。死雏有的发生脐炎。肝呈黄土色，质脆，有斑状或点状出血。

　　急性败血症鸡冠、皮下、肌肉、各内脏器官淤血。有的可见肝脾肿大，呈铜绿色或土黄色，上有坏死灶。

　　肠炎型 鸡排出淡黄色粪便，小肠有卡他性，出血性炎症，腺胃粘膜出血。

　　气囊炎（呼吸道感染）可见气囊壁增厚、混浊，囊腔内常含有白色的干酪样渗出物，心包腔中有浆液性纤维素性渗出物，心包膜和心外膜增厚，有纤维素附着。

输卵管炎多发生在产蛋母鸡，剖解常见腹腔中充有黄色液体或破碎、凝固的卵黄，恶臭。脏器表面和肠系膜有黄色凝固的纤维素渗出物，肠发生粘连，卵泡变形萎缩，输卵管变薄，内有黄色纤维蛋白性渗出物或干酪样凝块，粘膜发红，有出血点。

肉芽肿 主要在肝、肠（十二指肠和盲肠）系膜上出现有白色肿瘤结节或肿状。典型的结节状灰白色到黄白色肉芽肿、肠粘连不能分离，肝脏也可见大灶性、不规则形黄色坏死灶。神经型主要见于产蛋鸡，脑膜充血、出血。

【诊断】根据发病特点、临床症状和剖解变化（气囊炎、心包炎、肝周炎及腹膜炎）即可做出初步诊断。

【治疗及预防】治疗大肠杆菌病主要是抗生素及磺胺类药物。预防本病重要的是：①治理环境；②加强消毒；③重视新城疫、传染性法氏囊病、传染性支气管炎等烈性传染病的预防。

第二节　鸡葡萄球菌病

鸡葡萄球菌病是由金黄色葡萄球菌或其他葡萄球菌感染所引起鸡的急性败血症或慢性关节炎、脐炎、眼炎、肺炎的传染病。其临床表现为急性败血症、关节炎、雏鸡脐炎、皮肤坏死和骨膜炎。雏鸡感染后多为急性败血症的症状和病理变化；中雏病为急性或慢性；成年鸡多为慢性。雏鸡和中雏病死率较高，因而该病是集约化养鸡场中危害严重的疾病之一。

【临床症状】本病的发生因病原种类及毒力、鸡的日龄、感染部位及鸡体状态不同，表现出的临床症状也不相同。

急性致血症型：为本病常见病型，最典型的症状是皮下水肿，称本病为水肿性皮炎，多发于中雏。病鸡常在 2~5d 内死亡，有的发病后 1~2d 急性死亡。病鸡表现精神沉郁，常呆立或蹲伏，两翅下垂，缩颈，眼半闭呈嗜睡状，羽毛蓬松、无光泽，病鸡食欲减退或废绝，部分鸡下痢，排出灰白色或黄绿色稀便。除以上一般症状外，最明显的症状是在鸡的胸腹部、嗉囊周围、大腿内侧皮下水肿，储留数量不等的血样渗出液，外观呈紫色或紫褐色，有波动感，局部羽毛脱落或用手一摸即可脱落，有的病鸡可见自然破溃，流出茶色或暗红色液体，并与周围羽毛粘连，其他部位的皮肤如背侧、腿部、腹面、翅尖、颜面等部位，出现大小不等的出血性坏死和干燥结痂等病变。

关节炎型：多由皮肤创伤感染引起的。发生关节炎的病鸡表现跛行，不愿站立和走动，多伏卧，驱赶时尚可勉强行动。病鸡可见多个关节炎性肿胀，特别是趾、蹠关节肿大较为多见。肿胀的关节呈紫红色或紫黑色，有的已破溃并结成污黑色痂，有的出现趾瘤，趾垫肿大，有的趾尖发生坏死甚或坏疽、脱落。病鸡一般有饮食欲，多因采食困难，饥饱不匀，常被其他鸡只踩踏，逐渐消瘦，最后衰竭死亡，病程多为10余天。

脐炎型：新出壳的雏鸡因脐环闭合不全而引起感染。病鸡除一般症状外，可见脐部肿大，局部呈黄红色或紫黑色，质稍硬，俗称"大肚脐"。发生脐炎的病雏常于3~5d后死亡，很少能存活或正常发育。

眼型：临床表现常呈单侧性上下眼睑肿胀、闭眼，有脓性分泌物粘连，用手分开时，则见眼结膜红肿，眼内有多量分泌物，并见有肉芽肿。有的头部肿大，眼睛失明。病鸡常因饥饿、衰竭而死。

肺型：主要表现为全身症状及呼吸困难、气囊炎。

【病理变化】

急性致血症型：眼观变化是胸部的病变，剪开皮肤可见整个胸、腹部皮下充血、出血，呈弥漫性紫红色或黑红色，积有大量胶冻样红色或黄红色水肿液，水肿可延至两腿内侧、后腹部，前达嗉囊周围，但以胸部为多，胸、腹部及腿内侧见有散在出血斑点或条纹，尤以胸骨柄处肌肉为重，病程久者还可见轻度坏死。肝脏肿大，淡紫红色，有花纹，小叶明显，病程稍长者可见灰白色坏死点。脾肿大，紫红色，病程稍长者亦有白色坏死点。腹腔脂肪、肌胃浆膜等处有时可见紫红色水肿或出血。心包积液，呈黄红色半透明，心冠脂肪及心外膜偶见出血。

关节炎型：病例可见关节炎和滑膜炎。病变关节肿大，滑膜增厚、充血或出血，关节囊内有或多或少的浆液，或有纤维素性渗出物，病程长者变成干酪样坏死或周围结缔组织增生及畸形。

脐炎型：病例以幼雏为主，可见脐部肿大，黄红色或紫黑色，有暗红色或黄红色液体，时间稍长，则为脓样干涸坏死物。肝有出血点，卵黄吸收不良，呈黄红色或黑灰色液体状或内混絮状物。病鸡体表不同部位有皮炎、坏死。

眼型：无特征性病变。

肺型：肺部淤血、水肿和肺实变。

【类症鉴别要点】

坏疽牲皮炎：1~4月龄鸡多发，病鸡胸、腹、腿部皮肤有出血性坏死性炎症，心肌出血，肝脏呈绿色，有坏死点。镜检可见到革兰氏阳性大杆菌。

大肠杆菌病：症状与本病很相似，镜检可见革兰氏阴性小杆菌。

病毒性关节炎：常见于肉仔鸡，患鸡精神、食欲无明显变化，体表无化脓溃烂现象，很少死亡。

滑液支原体病：病程较长，体表各部无出血、化脓或溃烂，用泰乐菌素、红霉素治疗有效。

鸡霍乱：不呈现皮肤的特征性变化，但有肉髯肿胀现象。

【防制】

治疗：鸡场一旦发生葡萄球菌病，要立即对鸡舍、饲养管理用具进行严格消毒，以杀灭散在环境中的病原体。药物治疗是发病后的主要防制措施，但由于本菌的耐药性很强，对大多数药物不敏感，务必从速进行药物敏感试验，选出敏感药物后，及时进行治疗，方可收到良好治疗和预防效果。环丙沙星 0.5g/kg 料，混饲，连喂 3～5d 或环丙沙星 0.2～0.3g/L 水，混饮，连饮 3～5d。庆大霉素 1～2 万 IU/kg 体重，肌内注射（口服无效），每天 2 次，连用 3d。氨苄青霉素钠 10～15mg/kg 体重，注射，每天 2～4 次，或氨苄青霉素纳 20～30mg/kg 体重，饮水。5% 红霉素水溶性粉剂 1～3g/L 水，混饮，连饮 5～7d。

预防：因本菌广泛存在于环境中，预防本病要做好经常性预防工作。加强饲养管理，注意给鸡，特别是处于生长旺盛期的鸡供给全价饲料，给以足够量的维生素和无机盐，鸡舍应通风良好，保持合适的温度、湿度；鸡群不宜过大，避免拥挤；要有适宜的光照，适时断啄，防止鸡群互啄。防止和减少外伤，消除鸡笼、网具、送料机械等用具中的一切尖锐物品；鸡在断啄、剪趾、剪冠以及免疫注射、刺种时应做好消毒工作。注意清除一切能造成鸡体外伤的因素。由于鸡痘的发生常为鸡群发生本病的重要因素，故应及时注射鸡痘疫苗，预防鸡痘发生。坚持长期消毒工作。除保持好鸡舍环境清洁卫生外，还应坚持经常带鸡消毒，以减少和消除传染源，降低感染机会。对孵化种蛋以及孵化工作人员应注意加强卫生管理工作。采用葡萄球菌油乳剂灭活菌苗或氢氧化铝多价菌苗，给 20 日龄雏鸡注射，有一定预防效果。一旦发生本病后，应及时隔离病鸡群，迅速确诊，选用敏感抗菌药物及时治疗，并紧急接种本病多价菌苗，是控制本病的关键措施。

第三节　鸡沙门氏杆菌病

鸡沙门氏杆菌病是由沙门氏菌属的某些致病性菌株引起的雏鸡的一种急性、

败血性传染病，症状是排灰白色粥样或水样稀便；成年鸡多为局限性生殖系统的慢性或隐性传染。

【临床症状】

急性败血型：发生于四周以内的雏鸡，死前无临床症状，突发性死亡。病程略长的可见到精神萎靡、不吃不喝，病后两3天死亡。

亚急性型：见于四周以后育成鸡和成年产蛋鸡。以开产前后死亡最多。这时可见死亡率突增，可持续数周。有的拉稀，也有的无特殊症状而突然死亡。仅腹部膨大较明显，有的鸡冠发紫，死后鸡冠多苍白。

慢性型：见于成年鸡。多数体重特别大，腹部膨大，停止产卵，死亡突然；少数表现瘦弱、拉稀、精神沉郁。

以上3种类型均很少见到拉白痢症状。

【剖检变化】

鸡胚：在第5日照蛋可见到死亡的血胚增加很多，打开后见到血丝粘连在蛋壳上，同时发育迟缓的鸡胚比例增多。在第18d照蛋，可见死胚增加，并出现有臭蛋，发育比同期正常鸡胚慢1~2d。打开后鸡胚表面多呈粉红色充血，尿囊液混浊粘稠，有的头部肿胀。未吸收完的卵黄囊大，且呈现绿色，鸡胚腹腔内的肠道中有少量深绿色粪便。病鸡胚比正常鸡胚晚24~48h破壳，弱雏无力啄破蛋壳，或啄破部分蛋壳后死于壳内。已出壳的弱雏身上粘满蛋壳，不易剥落。部分弱雏脐部发育不好且与蛋壳粘连，也有的腹部膨大。血蛋与毛蛋所占比例增加，毛蛋多于血蛋。

雏鸡：

①急性败血型：内脏多无明显变化，卵黄吸收不良，残留卵黄囊大，呈现绿色，有些雏鸡患有脐炎。

②亚急性型：卵黄吸收不全，肝脏肿大，有的紫红色，有的土黄色，肝表面有点状或条纹出血；脾脏比正常肿大2~3倍，表面有点状出血；肾脏肿大，有点状出血；胸肌有出血点；心包内有黄色浆液性渗出物，血凝不良；十二指肠壁增厚。

成鸡：

①急性型（溶血型）：死亡突然，且许多是肥胖鸡，腹腔内各脏器可见因破裂而出血。其中以肝破裂最多。也有的出血发生在皮下或肌内，血液不凝固，稀薄如水状存留于腹腔内，肝脏肿大，卵巢多无变化，输卵管中有待产出的卵。

②亚急性型（肝破裂型）：肝脏肿大，黑红色，无白点，有3~5cm长的不

规则破裂口，有的在肝包膜下形成血块。卵泡少，有的变性、萎缩，或在输卵管中有已成型的卵。

③慢性型（腹膜炎型）：腹大，肠胃与输卵管粘连在一起，可见到落入腹腔中已干化的卵黄，外面被干酪样物质粘连，有的形成团块，卵巢变性、萎缩，肠粘膜坏死，脱落。常见输卵管中停留多个已变性的卵，腹膜增厚、混浊，有的包住卵黄和小肠。

【诊断】用心、肝、血液进行细菌培养，在营养琼脂平板上 24~28h 后可见细小并呈露滴样菌落、革兰氏阴性杆菌。在 S-S 平板上生长，呈圆型中间凹陷的菌落。血清学反应：沙门氏菌多价 O 抗原阳性。多价 H 抗原阳性。其他实验阴性，培养无大肠杆菌生长。

【治疗】在雏鸡 1~5 日龄时在饲料中拌入庆大霉素、卡那霉素及喹诺酮类药物，连拌 5d；成鸡采用庆大霉素粉拌料，每只鸡 5 万 IU，治疗效果明显。

对种鸡群用鸡白痢平板凝集抗原作血检后，淘汰全部阳性鸡。

第四节　鸡霍乱

鸡霍乱（又称鸡巴氏杆菌病）是由多杀性巴氏杆菌引起家鸡和野鸡的一种急性败血性传染病。以突然发病、下痢，出现急性败血症症状；慢性型以鸡冠、肉髯水肿和关节炎为特征。

【病原学】多杀性巴氏杆菌，为巴氏杆菌科巴氏杆菌属成员。本菌为两端钝圆、中央微凸的革兰氏阴性短杆菌，多单个存在，不形成芽胞，无鞭毛，新分离的强毒菌株具有荚膜。病料涂片用瑞氏、姬姆萨或美蓝染色呈明显的两极浓染，但其培养物的两极染色现象不明显。

多杀性巴氏杆菌对环境和化学药物抵抗力不强，很容易被一般消毒药、阳光、干燥和热杀死，一般消毒药在数分钟内均可将其杀死，直射阳光下数分钟死亡；在干燥空气中 2~3d 死亡，在血液、排泄物和分泌物中能生存 6~10d，56℃ 15min，60℃ 10min 内被杀死。

【流行病学】病死鸡及康复带毒鸡、慢性感染鸡是主要传染源。主要通过消化道、呼吸道及皮肤伤口感染。动物感染谱非常广，鸡、鸭、鹅、火鸡及其他家鸡，以及饲养、野生鸟类均易感。家鸡中以火鸡最为易感。鸡以产蛋鸡、育成鸡和成年鸡发病多，雏鸡有一定抵抗力。

该病一年四季均可发病，但以春、秋两季发生较多。多种家鸡，如鸡、鸭、鹅等都能同时发病。病程短，经过急。

该病病原是一种条件致病菌，可存在于健鸡的呼吸道中，当饲养管理不当、气候突变、营养不良及其他疾病发生，致使机体抵抗力下降，可引起内源性感染。

【临床症状】临床上分最急性、急性和慢性 3 型。

最急性型：见于流行初期，多发生于肥壮、高产鸡，往往看不到临床症状即死亡，有的死于产蛋笼内。

急性型：此型最常见，表现为高热（43～44℃）、口渴，昏睡，羽毛松乱，翅膀下垂。常有剧烈腹泻，排灰黄甚至污绿、带血样稀便。呼吸困难，口鼻分泌物增多，鸡冠、肉髯发紫，病程 1～3d。

慢性型：见于流行后期，以肺、呼吸道或胃肠道的慢性炎症为特点。可见鸡冠、肉髯发紫、肿胀。有的发生慢性关节炎，表现关节肿大、疼痛、跛行。呼吸道感染则鼻流粘液，呼吸困难或有器官啰音。

【病理变化】最急性病例常无特征性病变。急性型病例以败血症为主要变化，皮下、腹腔浆膜和脂肪有小出血点；肝肿大，表面布满针尖大小黄色或灰白色坏死灶。肠道充血出血，尤以十二指肠最严重；产蛋鸡卵泡充血、出血、变形，呈半煮熟状。慢性病例可见鸡冠和肉髯淤血、水肿、质地变硬，有的可见关节肿大、变形，有炎性渗出物和干酪样坏死。多发性关节炎，常见关节面粗糙，关节囊增厚，内含红色浆液或灰白色、混浊的黏稠液体。

【诊断】根据流行病学、临床症状、病理变化可做出初步诊断，确诊需进行细菌学、血清学诊断。

病原分离与鉴定：病原分离鉴定可采取病鸡肝、脾、心血等病料，涂片镜检（病料涂片，用瑞氏、美蓝或姬姆萨染色液染色，可见两极着色的小杆菌）、动物接种试验（接种小鼠、鸽或鸡，观察病变、镜检或做血液琼脂培养）、血液琼脂分离培养。

血清学检查：血清学检查对急性病鸡没有意义，对慢性病例有一定意义，通常不采用血清学试验进行诊断。

【防治】多种药物都可以用于本病的治疗，青霉素对急性病例效果好，毒性低，作用快，肌肉注射 3 万 IU/kg 体重，每天 3～4 次。连用 2d。链霉素治疗慢性鸡霍乱优于青霉素，肌肉注射 2～3 万 IU/kg 体重，每天注射 1～2 次，连用 2d，但毒性大，易产生抗药性，青霉素、链霉素联合使用可提高疗效。金霉素、土霉素按 0.1% 的量混合在饲料中喂给，连用 3～5d，也可收到满混意效果。青霉素、链霉素混在饲料中饲喂无效。青霉素、土霉素有颉颃作用，不能合用。磺胺二甲基嘧啶等在饲料中用量为 0.1%～0.2%，混在水中用量为 0.04%～0.1%。连喂 2～3d，有良好的疗效。大剂量 0.5% 的磺胺连用 3d 以上则有毒性作用，影响鸡的食欲，随后将发生蛋鸡产蛋量下降等；喹乙醇用量为 30mg/kg 体重，每天一次，连喂 2d，有良好的疗效。若用 70mg/kg 体重，连用数天即可发生中毒，由于该药排泄缓慢，在肝中有蓄积作用，所以用量不宜大，时间也不能长。如需继续用药，应停药 3～5d，然后再用一个疗程。

任何一种药物都不能长期应用，长期应用疗效降低，需要不断地增加药量。同时可能引起鸡中毒而导致生产性能下降和死亡。因此需要经常更换治疗药物，更换某种药物之前需作药敏试验，以选择疗效高的药物。药物治疗常是不彻底的，往往停止用药后，鸡又发病。因此，在对病鸡群治疗的同时，死鸡与粪便要及时清除，鸡舍、运动场及用具要彻底消毒，每天都应进行一次消毒，直至疫情得到控制为止。

做好平时的饲养管理，使家鸡保持较强的抵抗力。增加营养，补足各种维生素，避免饲养拥挤和鸡舍潮湿。

严格执行定期消毒卫生制度，尽量做到自繁自养。引进种鸡幼雏时，必须从无病鸡场购买，新购进的鸡、鸭必须隔离饲养 2 周，确认无病时才可混群。

常发本病的地方应用鸡霍乱疫苗进行预防接种。

发生该病时，采取严格控制、扑灭措施，防止扩散。扑杀患病鸡和同群鸡，并深埋或焚烧处理，其他健康鸡紧急预防接种疫苗。鸡舍、场地和用具彻底消毒。

第九章
其他疾病

第一节　鸡肾肿症

　　鸡的肾肿症是现代养鸡业中鸡死亡的主要疾病之一，鸡群一旦发生肾肿症症状，死亡率将会逐步提高，特别是当其他疾病伴随着肾肿症发生时，其死亡率将会增加一倍以上。故根据临床诊治、搜集、整理该病资料做以系统介绍，供同行和广大养殖户参考。

　　鸡的肾肿症是对鸡的肾肿大、肾结石、内脏痛风、肾炎、肾病、输尿管结石、尿酸盐沉着、酸中毒等的统称，也叫肾脏肿大综合征。

　　【病因】该病多发于种鸡和蛋鸡，近几年在肉仔鸡中也时有发生。其病因是多方面的，但主要的原因如下。

　　传染性因素：如传染性法氏囊、肾型传支、马立克病、传染性支气管炎、肾炎病毒病以及与腹泻有关的肠道病毒病的传染都可引起肾肿症。

　　营养性因素：

　　①饲料中钙磷不平衡，钙超量。

　　②饲料中矿物质、电解质的不平衡或维生素A的缺乏。

　　③饲料中蛋白质过量或蛋白质品质差，某些必须氨基酸缺乏或氨基酸不平衡。

　　④水的缺乏或某些地区水质差，饮水不足和断水会使尿液浓缩，造成尿酸盐蓄积在肾脏和输尿管中，导致肾肿症发生。

　　饲养管理因素：

　　①应激因素，如长途运输、拥挤造成脱水。

　　②炎热的夏季喂以高能量、高蛋白饲料造成血液胶性发生，尿酸溶解性降低而沉着。

③通风不良，畜鸡舍卫生状况太差，有害气体浓度过大，造成呼吸性酸中毒，进而造成肾肿症。

毒素或有毒物引起的因素：

①霉菌毒素，如饲料发霉产生的黄曲霉毒素。

②治疗药物主要是磺胺类药物。

③误食某些化学物质，如杀虫剂、农药、重金属。

④鱼粉中搀有尿素。

【临床症状】鸡表现食欲不振，逐渐消瘦和衰弱，羽毛蓬乱，精神委顿，贫血，母鸡产蛋减少以至完全停产，有时可有腹泻、排出白色半粘稠稀粪，病鸡死亡率特别高。

【病理变化】解剖后病理特征为血液中尿酸盐水平增高，肾脏肿大，色泽变淡，内有尿酸盐沉积成为"花斑肾"，尿酸盐以钠盐的形式在肾小管及输尿管中沉积。也可见胸腹膜、肺、心包、脾、肝、肠及系膜的表面散布石灰样白色尘屑状物质，严重的可形成一层白色薄膜。

【防治措施】对于本病的防治应查清病因，并及时排除病因，据病因确定防治措施，进而可以减少发病和减轻症状。

针对传染病因素：雏鸡阶段特别要做好隔离消毒工作，以防早期感染马立克氏和肾炎病毒。要注意淋巴白血病和单核细胞增多症的预防，因这两种疾病会使组织细胞大量分解而发生肾肿症。

育雏期间给予充足的清洁水，并在饮水中添加水溶性多维电解质，以减轻注射疫苗、长途运输产生的应激，更重要的是防止肾肿症的发生。

免疫时应注意法氏囊免疫须选择中等偏弱毒株，以防伤害法氏囊和肾脏。肾性传支免疫时最好喂以低钙饲料。免疫前后 3~5d 在饮水中添加抗应激且防肾肿的药物，如津发饮达康，以增强免疫效果，抵消药物毒性，最终增强机体的抗病力，防止肾肿症的发生。

选择优质的饲料原料，防止鱼粉中掺有尿素，玉米粉、豆饼中掺有石粉。饲料配比要准确科学，特别要注意钙磷比例的总量。青年鸡、新母鸡开产前钙的饲喂总量不超过 1%~2%. 防止维生素 A、D 缺乏和氨基酸不平衡，维生素 A 能促进新城代谢，能修复肾脏的上皮细胞，最终促使肾脏机能恢复正常。蛋氨酸作为鸡的第一限制性氨基酸，能起到平衡氨基酸的作用，还能作为强肝剂促进肝功能正常以利毒素代谢。发霉的饲料决不能饲喂，以防黄曲霉毒素中毒而引起肾肿症。

平时应加强饲养管理，搞好环境卫生，防止各种应急因素引起脱水。

在饮水中添加柠檬酸，在饲料中可添加硫酸铵、氯化铵和蛋氨酸，主要是提供酸性饮食使尿酸化，从而减轻钙导致的肾脏损害，快速改善代谢性酸中毒，防止尿酸盐沉着。

补充平衡的电解质如氯化钾等，防止高钠低钾的危害，以维持机体正常的渗透压，促进代谢废物的排泄。

在饲料或饮水中添加利尿解毒物如甘露醇、山梨醇和己六醇，它们具有高涨性浓度作为渗透性利尿剂，可迅速消除肾肿大，控制急性衰竭及水肿液移除功能。某些无机盐类使用不当会使尿液为碱性，如碳酸氢钠常用来治疗酸中毒和改善蛋壳质量，但也会使尿液成为碱性，从而加剧受损肾脏中尿酸盐的形成，应特别引起注意。

第二节　产蛋鸡笼养疲劳症

产蛋鸡笼养疲劳症是指蛋鸡骨骼明显变脆，肋骨、肋软骨接合处出现念珠状病变的一种疾病，是现代化蛋鸡生产中最突出的代谢病，多为进笼不久和高产鸡，且夏季易发病。

【病因】本病发生的主要原因是笼养鸡没有活动余地、运动量不足，或者是饲料中利用的钙、磷不足，不能满足需要。

【症状及剖检】病鸡精神、食欲尚好，起初产蛋业基本正常，但两脚发软，不能自主，关节不灵活，站立困难，常呈"伏卧鸡"。腿骨、股骨变软变脆，易于折断。日久难于采食、饮水、体重减轻，最后极度消瘦死亡。剖检可见肋骨与胸廓变形，椎肋与胸肋交接处呈串珠状，腿骨薄而脆，有时还有肾肿胀、肠炎等病变。

【防治措施】完全防治本病比较困难，通过以下措施可以减少发病和减轻症状。

笼养蛋鸡饲养中钙、磷含量要稍高于平养鸡。钙的含量为 $3.2\% \sim 3.5\%$ ，有效磷保持 $0.4\% \sim 0.42\%$ 。维生素 D 要充足。其他矿物质、维生素也要充分满足鸡的需要。

上笼的年龄宜在 $17 \sim 18$ 周龄，在此之前实行平养、自由运动增强体质，上笼后经 $2 \sim 3$ 周的适宜过程，进入正常开产。

鸡笼的尺寸大小要适宜。

舍内应保持安静，夏季要做好防暑降温工作，缓解热应。

发生疲劳症的鸡，只要腿脚没有严重畸形或伤残，可移至宽松笼内饲养或改为平养。

发病鸡必须有足量饮水来减少血液的粘度，减轻心脏负担，可降低死亡率。挑出瘫痪病鸡，放置于阴凉处。

第三节　鸡惊恐症

鸡惊恐症又称兴奋过度症，其特征是整个鸡群陷入极度惊恐的状态，狂奔、乱窜、惊叫、盲目的从鸡舍的一侧拥向另一侧，或是将头躲藏在水槽、食槽下和产蛋箱内，并在鸡舍角落大量堆压。鸡群的惊恐行为反复而规律地发作，一日数次乃至数十次，并能延续一个较长的时期。

该病会使鸡群的生产性能下降，尤其随规模化、集约化养鸡生产的迅速发展，该病日益增多。

【病因】饲养密度过大，笼养40只比养20只发病较频繁。

饲养环境氨气含量过高、潮湿炎热的气候等。

营养不良，饲料中缺乏蛋白质，饲养中代谢含量高而胱氨酸含量低，缺乏烟酸、维生素 B_1 都可导致本病的发生。

疼痛，如截趾、断喙等引起的强烈疼痛。

突然刺激和舍内闪光。

饲料的采食量不足。

在白羽鸡群中混入较大比例的有色鸡。

遗传因素。

【预防】降低光照亮度。无窗鸡舍可避免惊恐症的发生，因此，可将普通鸡舍的窗户遮暗或把下部涂成红色或绿色，红光虽对惊恐无效，但可以将鸡舍的亮度降低，防治鸡的啄癖症，绿色可延缓鸡惊恐症的发生。

分群、移栏。将患病的鸡群拆散，分别混入其他鸡群中或迁移到与原鸡舍完全不同的舍内饲养。

保持适宜的环境（温度、湿度和通风换气等）。

补充蛋白质或氨基酸。饲料中每吨加 1～2% 蛋白质或胱氨酸。

补充维生素。饲料中每吨加 200g 烟酸连用 5~7d，并适当添加维生素 B_1。使用镇静剂。

保持鸡群的正常生活条件。工作人员在舍内应按一定程序工作，动作要轻，保证鸡群的正常采食和饮水。

第四节　脂肪肝出血综合征

脂肪肝出血综合征是一种由高能低蛋白日粮引起的脂肪代谢障碍（过度沉积）或伴有肝脏出血为特征一种营养性病症。多发于笼养蛋鸡的产蛋高峰期，患鸡鸡冠和肉髯苍白贫血，排灰白色稀粪，头颈前伸或背部弯曲，倒地痉挛，最后消瘦死亡。

【病因】本病病因比较复杂，与中毒、营养及内分泌等因素有关。

饲料因素。供给高能量低蛋白质日粮是鸡脂肪肝出血综合征的主要原因。高能的碳水化合物易转化为脂肪，由于蛋白质含量低，在鸡体内不能充分地和脂肪结合而引起脂肪在肝内大量沉积。

中毒因素。一些化学和生物毒素，如四氯化碳、氯仿、磷、铅和砷等制剂易损害肝脏，导致肝脏的脂肪蓄积并破坏肝脏结构而发生肝脏出血。饲料霉败，尤其是黄曲霉毒素和镰刀菌毒素也容易使肝脏功能障碍和脂蛋白的合成受阻，造成鸡脂肪肝出血综合征。

其他因素。当肌醇、泛酸、维生素 B_6、蛋白质、苏氨酸、叶酸、维生素 C、钙等缺乏时，肝内脂肪蛋白合成和运输障碍，大量脂肪就会沉积于肝脏。此外笼养蛋鸡运动不足，热应激也易引起脂肪肝出血综合征。

【临床症状】在发病鸡群中，初期多数鸡的体况良好，直到产蛋逐步下降到 10%~40% 或鸡群达不到产蛋高峰时才被察觉。患脂肪肝出血综合征的鸡普遍过肥，体重一般较正常鸡增长 20%~30%，病鸡表现精神不振，采食量减少，嗜睡，呆立，站立不稳，甚至发生瘫痪；鸡冠，肉髯色发绀或色淡发白，当肝破裂出血时则突然变白，头颈弯曲，倒地痉挛而死亡。笼养鸡比平养鸡多发，而且发病急速。

【病理变化】尸体肥胖，冠髯苍白，皮肤脂肪多；产蛋鸡输卵管末端都有一枚完整而未产出的蛋，且蛋壳已变硬；腹腔和肠系膜均有过量的脂肪沉积。肝脏变化最明显，肝脏肿大，油腻、质脆易碎，呈黄褐色，表面有出血点和白色梗死灶。当发生肝破裂时，破裂处有大的凝血块。

【诊断】根据饲料调查饲喂高能低蛋白日粮鸡群过肥，产蛋率下降；解剖肝脏肿大，质脆易碎，皮下、腹腔和肠系膜脂肪沉积可作诊断。

【防治】控制日粮中的能量水平，提高蛋白质含量1%~2%。

每100kg饲料中添加氯化胆碱100g、蛋氨酸50g和多维素5g、维生素 B_{12} 12mg、硒0.05~0.1mg。

病鸡单独喂养，每只喂氯化胆碱0.1~0.2g和维生素E1mg。同时取柴胡30g，黄芩、丹参、泽泻各20g，五味子10g，研细，按每羽1~2g剂量拌料喂服。

第五节　维生素缺乏症

维生素是鸡维持正常生长、繁殖、产蛋和健康所必需的一类低分子有机化合物。鸡的生命活动、生长发育和产蛋所必需的维生素有13种，某种维生素缺乏时则出现病症。

一、维生素A缺乏症

维生素A能够维持上皮细胞的正常结构和功能，缺乏时最显著的表现是上皮组织的变形，结膜、鼻窦、食道及气管粘液分泌细胞角质化，不能执行正常功能。

【病因】由日粮中维生素A供给不足或消化吸收障碍所致。如长期饲喂缺乏维生素A和胡萝卜素的饲料。

【临床症状】成年鸡缺乏维生素A时，病鸡羽毛松乱，逐渐消瘦，产蛋量显著下降，食欲减退或废食，爪、喙色淡，冠白而有皱褶，腿趾无力，行动迟缓，步态不稳。患鸡鼻孔与眼多量水样分泌物，眼睑因有多量分泌物粘着而闭合，甚至可见眼内积聚乳白色干酪样物质。角膜混浊不清，严重者角膜软化、穿孔并引起眼房水外流，最终是眼球下陷。鼻孔长流出粘稠的鼻汁，呼吸困难，嘴长开张，口腔黏膜角质化脱落。

【诊断】根据饲料分析，鸡肥胖、眼病及视力障碍，脑脊髓液压变化，神经症状，剖检皮下，胸膜腔脂肪沉积，肝肿大质脆易碎等特征变化可作诊断。

【防治】在日粮中补充富含维生素A或胡萝卜素的饲料，每千克饲料中含维生素 A：蛋鸡 0~20 周龄为 1 500IU，20 周龄以上的蛋鸡 4 000IU。发病后要多喂动物性饲料、鱼肝油、肝粉和青绿多汁饲料，如胡萝卜、菠菜、苜蓿等富含胡萝卜素的饲料。病症较重的可服鱼肝油 0.5ml，每日 3 次，或在每千克饲料中补充维生素 A 微囊 1 万 IU。眼部病变可用 3% 硼酸水冲洗，每日 1 次，由于维生素 A 吸收快，只要及时补给充足的维生素 A，效果良好。

二、维生素 B₁缺乏症

维生素 B₁（又称硫胺素）缺乏症是由于维生素 B₁缺乏所致 a-酮酸氧化脱羧基能障碍，产生多量丙酮酸的蓄积而对神经系统发生损害。B₁是鸡体内碳水化合物代谢所必需的物质，神经组织碳水化合物氧化供给能量，如维生素 B₁缺乏时，则神经组织由于能量供应不足，就会出现神经营养障碍，导致机能失调，病鸡呈现多发性神经炎。维生素 B₁缺乏还会使鸡肠蠕动减慢，肠壁松弛，食欲减退，生长停滞。各种龄期的鸡均可发生维生素 B₁缺乏症，但以雏鸡、青年鸡发病较多。病鸡两腿无力，步态不稳，由于外周神经发炎，头向背后极度弯曲，其形状好似观天。

【病因】饲料中缺少富含维生素 B₁的糠麸、酵母、谷粒及加工产品。长时间使用含有嘧啶环和噻唑的药物，如磺胺类药物等。

【临床症状】雏鸡多在 2 周龄以前发生，表现为麻痹或痉挛，病鸡瘫痪坐在屈曲的腿上，头向背后极度弯曲，呈现所谓"观星"姿势，有的因瘫痪不能行动，倒地不起，抽搐死亡。成年鸡维生素 B₁缺乏 3 周后表现食欲减退，生长缓慢，羽毛松乱，腿软无力，步态不稳。除了神经症状外，还出现鸡冠发紫，个别鸡只出现贫血和拉稀。

【病理变化】胃肠道有炎症，十二指肠溃疡，睾丸和卵巢明显萎缩。小鸡皮肤水肿，肾上腺肥大。

【防治】一是适当多喂各种谷物、麸皮和新鲜青绿的青饲料等含有丰富维生素 B₁的饲料。在鸡的日粮中供给足够的维生素 B₁，育成鸡和成鸡每千克饲料中添加 10~20mg，雏鸡每千克饲料中添加 1.5mg，即可预防此病的发生；二是对已发病的鸡肌肉注射硫胺素 5mg（一只鸡的量，每天 2 次，连用 1~2 周，每千克体重 0.1~0.2mg。），连用 5~7d，治疗效果极好。

三、维生素 B₂缺乏症

患此病的鸡跪着地走路，也就是鸡走路时以飞节着地，两翅展开，像杂技演员走钢丝一样，以维持身体平衡。维生素 B₂也称核黄素，是参与鸡体内氧化还原反应的多种酶的组成成分，与蛋白质、脂肪和碳水化合物的代谢都有密切关系。维生素 B_2 还对调节细胞呼吸、氧化还原起重要作用，如果缺乏时，就会影响生物氧化的正常进行，致使体内代谢发生障碍。维生素 B_2 缺乏除了走路姿势奇特外，病鸡另一个主要标志是足趾爪向内弯曲蜷缩。

【病因】常用缺乏维生素 B_2 的禾谷类饲料；饲喂高脂肪低蛋白饲料；温度低时未及时补充维生素 B_2；患胃肠疾病。

【临床症状】雏鸡易发，多以急性发作，生长非常缓慢，并表现衰弱和消瘦，在 1~2 周龄出现腹泻且不愿行走。当行走时常以飞节着地，并借助翅来维持平衡。无论是行走或站立时，趾向内蜷曲。患鸡呈休息姿势，翅下垂，腿部肌肉萎缩，松弛，皮肤干而粗糙。幼年鸡在疾病的严重阶段不能运动，两腿叉开而躺卧，失去采食能力而饿死。育成鸡病至后期，腿敞开而卧、瘫痪。成年鸡坐骨神经和臂神经肿大弯软，直径可增大 4~5 倍。

【病理变化】尸体极度消瘦，剖检时可见坐骨神经和臂神经显著肿大且柔软，尤以坐骨神经极显著，有时可比正常粗大 4~5 倍，胃肠粘膜萎缩，肠壁变薄，肠内有泡沫状内容物。

【防治】一是在鸡的日粮中添加适量酵母、脱脂乳、苜蓿草粉等，可预防本病的发生；二是对已患病的鸡，其饲料中每千克加入 20mg 维生素 B_2，连喂 7~15d 有些疗效，对已出现脚趾卷曲、瘫痪的鸡只无治疗的意义。

四、维生素 B_3 缺乏症

维生素 B_3 又名泛酸，当缺乏时引起唐、脂肪、蛋白质代谢障碍，临床表现生长缓慢羽毛差，皮炎（尤其是口角及眼睑）。

【病因】泛酸在自然界中广泛存在，但性质极不稳定，易受潮、被酸、碱和热所破坏。当雏鸡对泛酸的需要量增多时，就有可能发生泛酸缺乏症。

【临床症状】主要表现为羽毛蓬松及羽毛生长阻滞，患鸡消瘦口角上出现痂皮样损害，眼睑周围有小颗粒病呈屑样附着，上下眼睑常被粘液性渗出物所粘合而引起视力障碍。头部、趾间发炎，脱屑并产生裂隙，脚掌痛以至行动困难。

【病理变化】剖检可见肾肿大、脾细小、肝肿大、黄色肝，在口腔及前胃中有渗出物；飞节肿大。

【防治】一是在鸡的日粮中添加适量酵母、脱脂乳、肝粉、苜蓿草粉、麸皮、米糠等，可预防本病的发生；二是每千克饲料中补充泛酸 10~13mg。

五、烟酸缺乏症

烟酸缺乏主要为骨粗短症，跗关节增大，脚弯曲呈弓形。

【病因】饲料中维生素 B_2 缺乏也易引起鸡的烟酸缺乏，以玉米为主的饲料也易造成烟酸缺乏。

【临床症状】跗关节增大，脚弯曲呈弓形，舌呈暗褐色，口部炎症，羽毛差，精神紧张。

【病理变化】剖检无诊断性病变。

【防治】平时注意在饲料中添加色氨酸、维生素 B_6 缺和烟酸，日粮中配合含有烟酸的小麦、大麦、酵母菌、肝粉等。在缺乏时，按饲料 10～30g/t 添加，一般可以恢复。

六、维生素 E 和硒缺乏症

维生素 E 和硒的生物学功能像是且有协同作用，两者都是具有抗氧化功能，当鸡硒和维生素 E 缺乏时，机体的抗氧化功能障碍，从而导致骨骼肌、心肌、肝脏、血液、脑、胰腺的病变和生长发育，繁殖功能障碍的综合征。实际生产中多发于雏鸡，以脑软化症、渗出性素质和肌肉营养不良。

【病因】饲料中维生素 E 和硒不足；其次是饲料中蛋白质不足，特别是含硫氨基酸缺乏，还与维生素 A、B、C 缺乏有关。

硒的缺乏，主要是土壤中硒不足，造成生长是植物含量低，相应的饲料配合中不注意添加硒，就会造成鸡的硒缺乏症。

【临床症状】主要表现为繁殖功能紊乱、胚胎退化、脑软化、红细胞溶血、血浆蛋白质减少、肾退化、渗出性素质、脂肪组织褪色、肌肉营养障碍及免疫力下降等。

【防治】饲料中添加足量的维生素 E 和硒，同时注意添加抗氧化剂，防止饲料贮存时间过长或受到不饱和脂肪酸氧化，植物油中含有丰富的维生素 E，在饲料中添加，也可到达治疗效果。

七、维生素 D 缺乏症

维生素 D 能调节钙、磷代谢，促进肠道钙、磷的吸收，提高血液钙、磷的水平，促进钙、磷在骨骼中的沉积和减少磷从尿中的排出。

【病因】体内合成量不足。维生素 D 的合成需紫外线，所以适当的日晒可以防止缺乏症的发生。机体消化吸收功能障碍，患有肾肝疾病的鸡只也会发生。

饲料供给缺乏。购买商品料的养殖户应向供货商咨询，或通过化验确定病因，采取相应措施。

【临床症状】1 月龄左右的雏鸡容易发生佝偻病，最初症状为腿弱，行走不稳，喙和爪软且容易弯曲，常蹲坐，平衡失调，生长发育不良，羽毛松乱，无光泽，有时下痢。

产蛋母鸡表现为缺钙症状，早期表现为薄壳蛋和软壳蛋数量增加，以后产蛋率下降，最后停产。病重母鸡表现蹲坐姿势，胸骨垂曲，肋骨内陷。剖解可见肋骨和脊椎连接处呈珠球状，胫骨或股骨钙化不良，骨骼软易折断。

【防治】保证饲料中有足够量的维生素 D，同时防止饲料中的维生素 D 氧化，应添加合成抗氧化剂。

可添加防霉剂防止饲料霉变，破坏维生素 D。

已发生缺乏症的鸡可补充维生素 D，饲料中使用维生素 D 粉或饮水中使用速溶多维。

多晒太阳，保证足够的日照时间。

八、维生素 K 缺乏症

由于维生素 K 缺乏所致肝脏的凝血因子合成受阻，临床上则以血凝障碍，往往出血不止为特征。

【病因】维生素 K 主要是参与凝血活动。

集约化饲养条件下，鸡只较少或无法采食到青绿饲料，且体内肠道微生物合成量不能满足需要。

饲料中存在抗维生素 K 物质，会破坏维生素 K。

长期使用抗菌药物，使肠道内微生物受抑制，维生素 K 合成减少。

疾病等因素均会影响维生素 K 的吸收利用。

【临床症状】雏鸡发病较多，表现为冠、肉垂、皮肤苍白干燥，生长发育迟缓、腹泻、怕冷，常发呆站立或久卧不起，皮下有出血点，尤以翅膀、胸腿、腹膜以及皮下和胃肠道明显。血液不易凝固，有时因出血过多死亡。

【防治】应在饲料中添加维生素 K，并配合适量青绿饲料、鱼粉、肝脏等富含维生素 K 及其他维生素和无机盐的饲料，有预防作用。

对病鸡，在饲料中添加维生素 K 或肌肉注射维生素 K（其剂量 0.5～2mg/d，1 个疗程为 5d），一般治疗效果较好，同时给予钙制剂疗效会更好。

要及时治疗慢性消化道病和肝病，饲料添加磺胺、抗生素量不宜过大，饲喂时间不宜太长注意饲料的保管和贮存，严防发霉变质。

第六节　常见寄生虫病

一、鸡蛔虫病

主要寄生于鸡的小肠，为圆形线状虫体，以3-4月龄的鸡群最易感染，尤以蛋白质、维生素饲料不足时发病比较严重。本病临床症状为食欲减退、消瘦虚弱、羽毛逆立、两翅下垂。成年鸡产蛋下降、蛋壳变薄。预防以加强饲养管理、注意环境消毒和饮水卫生为主。

【治疗】竹叶、花椒各15g，文火炒黄碾末，每只鸡每次0.02g拌料喂，每天2次，连喂3d。

烟草粉：将烟草粉搓成粉末，拌在饲料中，用量为饲料量的2%左右，连喂7d，隔1个月后，再连喂7d。有虫驱虫，无虫可起到预防蛔虫病发生的作用。将烟草浸泡给鸡当水喝，也有疗效。

硫化二苯胺：驱虫效果很好，且毒性小，较安全。幼鸡每0.5g/kg体重，成年鸡1g/kg体重。可混于饲料中，在晚饲时喂给，连服两天，隔一周后以同样剂量再连服两天，基本上能将虫驱除干净。

丙硫苯咪唑：30mg/kg体重，可直接投服或混入饲料中让鸡自食。

二、鸡绦虫病

鸡群通过食入蝇类、蚯蚓等中间宿主体内的似囊尾蚴感染。主要症状为下泻，粪便常带有血液和绦虫体节，剖检小肠有节结或炎症，肠内充满白色带状虫体，病鸡临床症状为喜蹲于栏杆上、缩头呆立、频繁饮水、消瘦体弱。

【治疗】石榴皮10g，苦楝树皮15g，炒焦碾碎每只每次2~3g，早上拌料喂，连喂3次。

使用硫双二氯酚原粉拌料，按100mg/kg体重，同时用复合维生素B饮水，促进消化。

三、鸡球虫病

多发生在15~45日龄的鸡群。主要症状为腹泻、便血、生长停滞、精神迟钝、呆立，往往消瘦死亡，死亡率高达50%以上。

【防治】加强饲养管理、注意环境卫生及消毒、鸡群养殖密度不宜过大。

大蒜 50g 捣烂，加水 100ml，拌料饲喂，1 次/d，连喂 5~7d。

马齿苋、铁苋菜各 150g，切碎拌料自食，1 次/d，连喂 5~7d。

药物治疗，敌菌净、抗球王等均有效。

四、鸡组织滴虫病 (又称黑头病)

该病多发在春末至初秋的暖热季节。本病是由于组织滴虫钻入盲肠壁繁殖，进入血流和寄生于肝脏引起的。2 周龄到 4 月龄的鸡易感，潜伏期 7~12d，成年鸡也会发生，但呈隐性感染，并成为带虫者。鸡群的管理条件不良、鸡舍潮湿、过度拥挤、通风不良、光线不足、饲料质量差、营养不全等，都可成为本病的诱因，并促使本病的流行和加重本病的病情。

【临床症状】初期病鸡表现食欲不振，羽毛松乱，两翅下垂，嗜眠，怕冷挤堆，消瘦，贫血，下痢，粪便淡黄色或淡绿色，含有血液，严重时排出大量的鲜血。有些病鸡头部皮肤淤血，呈蓝紫色，有"黑头病"之称。

【治疗】甲硝哒唑（灭滴灵）。按 400mg/kg 混入饲料，连用 5~7d。

左旋咪唑。病鸡转向康复时，用于驱除异刺线虫，每千克体重用 25mg（1 片），一次性投服。也可使用针剂，常用的有 5% 的注射液，肌肉注射 0.5ml/kg 体重。

第七节　鸡病疑难杂症的诊治

一、腹部膨胀综合征

4~5 周龄鸡易得此病：腹部膨大、头面部发紫、呼吸困难，逐渐衰竭死亡。剖检病死鸡，可见腹部充满淡黄色液体，心包积液，右心扩张，肺淤血、水肿，肝及胃肠萎缩、淤血。该病由舍内慢性缺氧、寒冷、氨气浓度过高和缺乏硒、维生素 C、磷及遗传因素所致。

【防治】防止投喂对肾脏、肝脏毒性较大的磺胺类及呋喃类药物；氨基糖苷类、喹诺酮类及其他抗生素也不能用量过大。

此症常继发大肠杆菌病或慢性呼吸道病，可选用氨苄青霉素或阿莫西林（10g/100kg 水）、环丙沙星类（5~10g/100kg 水）抗菌药物，防止继发感染；每 100kg 饲料中加含硒生长素 500g，同时添加适量维生素 E。

二、劣习恶癖综合征

日粮中营养不足或各种营养物质比例不当，加上环境不良、管理失调，鸡群中出现大量鸡只啄肛、啄羽、啄趾、啄蛋以及互啄鸡体等劣习恶癖。

【防治】断喙，5～9日龄进行第一次断喙，10～12周龄进行第2次喙修整。

配制全价日粮，合理饲喂，科学管理。

保持合适的饲养密度。

在病鸡日粮中添加1%～2%的石膏粉和1%～2%的食盐饲喂。

发现病鸡及时隔离，伤口处可涂抹碘酊、紫药水、樟脑油等，以防溃烂。

第八节　食盐中毒

食盐是家鸡必须的营养物质，按鸡营养标准饲喂食盐，不仅可增加饲料的适口性，增进食欲，而且还可促进消化和物质代谢，增强鸡的生长发育和生产性能。一般占鸡饲料的0.25%～0.5%，如饲料中食盐含量过大，鸡会发生中毒，多见于雏鸡。

【病因】发生本病的主要原因主要是鸡采食食盐过量。在一些配合饲料中中盐的比例过高，超过1%，或是饲料混合不均匀。

【临床症状】鸡群精神委靡，食欲不振，表现极度口渴，嗉囊膨大而柔软，口腔流出粘液性分泌物，伴有腹泻。病重鸡食欲废绝，运动失调，时而转圈，时而倒地，呼吸困难，严重的头颈弯曲，仰卧挣扎，肌肉抽搐，最后虚脱衰竭死亡。

【病理变化】病鸡消化道病变严重，嗉囊充满黏性液体，黏膜脱落，腺胃黏膜充血，少数表面形成假膜，小肠黏膜充血发红，并伴有出血点；皮下组织水肿，腹腔和心包积水；心肌、心冠脂肪有点状出血；肺淤血水肿；肝脏有出血斑；脑膜血管扩张并伴有针尖状出血点；血液浓稠，色泽变暗。

【诊断】根据暴饮、神经症状可作初步诊断，确诊要进行饲料、饮水及胃内容物的食盐含量测定。

【治疗】发现中毒立即停止喂饮高盐饲料和咸水，清洗饲槽，调整饲料配方，并在饲料中添加复合维生素和抗菌素，预防继发感染。中毒轻的鸡多次少量给予清洁饮水，切忌暴饮，用10%葡萄糖和维生素C饮水效果理想；中毒严重的鸡适当控制饮水，每隔1h限量供水，灌服少量植物油（豆油），肌肉注射20%苯甲酸钠咖啡因，腹腔注射葡萄糖酸钙。

第十章
养鸡场常用药物

第一节 常用药物特性、用法与用量

一、抗生素类

(一) 主要作用于革兰氏阳性菌的抗生素

1. 青霉素 G

青霉素 G（苄青霉素）的干燥盐类性质比较稳定，耐热性强，但其水溶性稳定性差。遇酸、碱、重金属、酒精、氧化物等，抗菌活性消失。为窄谱抗生素，但作用很强。多用于葡萄球菌病、链球菌病、螺旋体病、李氏杆菌病、鸡霍乱，以及霉形体病和球虫病的并发性细菌感染等。肌注量：每日 2 万 ~5 万 IU/kg 体重，2~3 次/d。内服量：雏鸡每次 2 000IU 混料或饮水。

2. 氨苄青霉素

氨苄青霉素（安比西林）易溶于水，且性质比较稳定，其水溶液在室温下放置一周可保存 80% 活性，为广谱抗菌素，对细菌具有杀灭作用。常与庆大霉素、链霉素、卡那霉素等联合应用，防治大肠杆菌病、腹膜炎、输卵管炎、气囊炎及沙门氏菌病。内服量：每日 5~20mg/kg 体重。

3. 红霉素

红霉素呈碱性，易溶于酒精但难溶于水，其盐类易溶于水。抗菌谱与青霉素相似，对革兰氏阴性菌如葡萄球菌、链球菌等的作用较强，对立克次氏体、螺旋体和霉形体也有作用。多用于治疗葡萄球菌病、链球菌病、传染性鼻炎、坏死性肠炎等疾病。用量：2g/L 混水，连用 3~5d。

4. 泰乐菌素

泰乐菌素微溶于水，呈弱碱性。其盐类易溶于水，对革兰氏阳性菌和一些革兰氏阴性菌有抗菌作用，如葡萄球菌、链球菌和棒状杆菌等。对霉形体有特效，对螺旋体也有效。多用于治疗霉形体病，也可用于坏死性肠炎、溃疡性肠炎，还可以缓解应激，提高产蛋率和孵化率。内服量：2g/L 混水，连用 3~5d。

5. 北里霉素

北里霉素能溶于水，且无异味。在饲料和饮水中有高度稳定性，为广谱抗菌素，对革兰氏阳性菌、革兰氏阴性菌、螺旋体、立克次氏体、霉形体和衣原体等均有较强的作用。常用于治疗和预防鸡的霉形体病，小剂量还有促生长和提高饲料转化率的作用。治疗量：混水 500mg/L，连用 3~5d；拌料 330~500mg/kg，5~7d。

6. 洁霉素

洁霉素（林可霉素）为白色结晶性粉末，有微臭或特殊臭，味苦。在水或甲醇中易溶，在乙醇中略溶。抗菌谱较红霉素窄。革兰氏阳性菌如金黄葡萄球菌（包括耐青霉素菌株）、链球菌、肺炎球菌、炭疽杆菌、钩端螺旋体均对本品敏感。而革兰氏阴性菌如巴斯德氏菌、克雷伯氏菌、假单胞菌（绿脓杆菌等）、沙门氏菌、大肠杆菌等均对本品耐药。林可霉素类的最大特点是对厌氧菌有良好抗菌活性，如梭杆菌属、消化球菌、消化链球菌、破伤风梭菌、产气荚膜梭菌及大多数放线菌均对本类抗生素敏感。常用于治疗鸡的霉形体病、葡萄球菌病、链球菌病及坏死性肠炎等。内服量：每次 15~30mg/kg 体重，饮水浓度 31.5mg/kg；注射量：10~30mg/kg 体重，连用 3d。

7. 杆菌肽

杆菌肽为白色至淡黄色粉末。味苦，吸湿性强，易溶于水，干燥状态下稳定。对大多数革兰氏阳性菌作用强，抗菌谱与青霉素 G 相同，并与多种抗生素如青霉素、链霉素、新霉素、金霉素等有协同作用。多用于葡萄球菌病、链球菌病、坏死性肠炎等的治疗，还可促进生长和提高饲料转化率等。内服量：雏鸡 20~50IU/每只，成年鸡 200IU，1 次/d。

8. 泰牧霉素

泰牧霉素为白色或淡黄色粉末，无臭。对革兰氏阳性菌、多种霉形体和某些螺旋体具有较强的作用。常用于鸡、火鸡霉形体的治疗，以及伴发性呼吸道病和葡萄球菌病。预防量：按 125mg/L 混水，治疗量：按 250mg/L 混水，连续混饮 3d，皮下注射剂量为 25~30mg/kg 体重。

(二) 主要用于革兰氏阴性菌的抗生素

1. 庆大霉素

硫酸庆大霉素为白色或类白色粉末，易溶于水，其水溶液性质稳定 。1g =

100万IU，为广谱抗生素，对葡萄球菌、链球菌等革兰氏阳性菌有作用，对绿脓杆菌、大肠杆菌、沙门氏菌等革兰氏阴性菌也有杀菌和抑制作用，对结核杆菌和霉形体的作用也较强。多用于鸡白痢、大肠杆菌病、葡萄球菌病、沙门氏菌病、慢性呼吸道病的治疗。注射量：6 000～10 000IU/kg体重，连用3d。预防量：混水2万～4万IU/L。用庆大霉素0.5%溶液，浸泡种蛋进行处理，可杀灭蛋内病原体。

2. 链霉素

链霉素。硫酸链霉素易溶于水，稳定性较好。纯链霉素1g＝100万IU，抗菌谱较青霉素广，对结核杆菌、大多数革兰氏阴性菌有抑制和杀灭作用，对沙门氏菌、大肠杆菌、嗜血杆菌和巴氏杆菌等也有作用。可治疗鸡霍乱、鸡伤寒、传染性鼻炎、溃疡性肠炎、大肠杆菌病等，对慢性呼吸道病也有较好的疗效。注射量：小鸡4万～10万IU/次，成鸡10万～20万IU/次，2次/d。内服量：0.05g（5万IU）/kg体重；混水浓度为500mg/L连续使用，常与青霉素联合使用。

3. 卡那霉素

卡那霉素性质稳定，易溶于水，有吸湿性，1g＝100万IU。对很多革兰氏阴性菌（如沙门氏菌、巴士杆菌等）有强大的抗菌作用，对葡萄球菌和结核杆菌也有作用，但对其他革兰氏阳性菌作用弱。用于治疗革兰氏阴性菌和葡萄球菌引起的疾病，如呼吸道、泌尿道和肠道感染。对鸡霍乱、鸡白痢、大肠杆菌病和霉形体病等效果较好。注射量：10～30mg/kg体重；内服量：混水30～120mg/L；拌料40mg/kg体重。

4. 新霉素

新霉素易溶于水，耐热，性质稳定，对葡萄球菌、大肠杆菌、沙门氏菌等有较强的抑制作用，对链球菌、肺炎球菌、巴士杆菌和结核杆菌也有一定效力。多用于治疗细菌性肠炎、鸡白痢、鸡伤寒、大肠杆菌和呼吸道感染等。内服量：拌料70～140mg/kg，混水浓度为35～70mg/L；注射量：20～30mg/kg体重。

5. 奇霉素

奇霉素易溶于水，性质稳定，毒性小，对革兰氏阳性和阴性菌均有作用，如肺炎双球菌、大肠杆菌、巴氏杆菌、鼠伤寒沙门氏、链球菌和霉形体等均作用。可用于治疗鸡慢性呼吸道病、鸡霍乱、大肠杆菌病、沙门氏菌病等。注射量：30mg/kg体重，每日一次，连用3d；内服量：混水31.5mg/L，连用4～7d。

(三) 广谱抗生素

土霉素、金霉素、四环素为广谱抗生素，其盐类溶于水，酸性水溶液性质较稳定，对革兰氏阳性菌和阴性菌均有较强的抑制作用，高浓度有杀菌作用。对衣原体、霉形体、螺旋体和球虫等也有抑制作用。可防治多种疾病，如鸡伤寒、鸡白痢、鸡霍乱、传染性鼻炎、慢性呼吸道病、李氏杆菌病、螺旋体病等。另外还可用于减少应激刺激，提高产蛋率和孵化率等。内服量：每次 50～100mg/kg 体重；混饮浓度为 60～260mg/L，连用 2～3d。

去氧土霉素（强力霉素）属长效、高效、广谱抗生素。易溶于水，比四环素稳定，抗菌谱同四环素，但作用更强，内服吸收快，对四环素族耐药的金黄色葡萄球菌对本药敏感。应用范围同四环素，常用于治疗慢性呼吸道病、大肠杆菌病、沙门氏菌病、衣原体病，以及缓解应激反应等。内服量：拌料 0.01%～0.02%，饮水的浓度为 50～100mg/L，连用 2～3d。

合霉素为广谱抗菌药，抗革兰氏阴性菌的作用比对革兰氏阳性菌的作用强，但比青霉素和四环素差，可渗透到脑脊髓液。对部分衣原体和立克次氏体有作用，但对真菌和绿脓杆菌无效。为鸡白痢、鸡伤寒、鸡副伤寒、葡萄球菌病、链球菌病、大肠杆菌病、传染性鼻炎、坏死性肠炎、霉形体病及脑膜炎等细菌性疾病等首选药。注射量：40～100mg/kg 体重；内服量：按 2～4g/L 水混饮，连用 2～3d。

（四）抗真菌药

克霉唑（抗真菌一号三苯甲咪唑）为广谱抗真菌药，难溶于水，但内服吸收快且毒性甚小，对真菌仅有抑制作用，过早停药易使疾病复发。防治鸡念珠菌病、曲霉菌病及皮肤癣病等真菌性疾病。用法：按每 100 只雏鸡 1g 的量拌料。

制霉菌素不溶于水，微溶于酒精，其非饱和溶液不稳定，其效价为每毫克不应少于 3 000IU，多聚醛制霉菌素钠有较好的水溶性，对曲霉菌、白色念珠菌等各种真菌有效，并对球虫有作用，但对细菌无效。用于防治白色念珠菌病，曲霉菌病等真菌性感染疾病，也可用于家鸡球虫病的防治。治疗念珠菌病，按 100 万～150 万 IU/kg 饲料拌料，连用 7～14d，治疗球虫病：每只小鸡 2 万～3 万 IU/d。治疗曲霉菌病：5 000IU/次，2～4 次/d，连用 2～3d。

二、磺胺类及呋喃类化学药物

（一）磺胺类药物

磺胺嘧啶（SD）对敏感细菌的全身性治疗效果较好，也是抗脑脊髓部细菌感染的首选药。主要用于沙门氏菌病、大肠杆菌病、巴氏杆菌病、传染性鼻炎。用法：按 0.2% 拌料，或 0.1%～0.2% 饮水，连用 3d。

磺胺二甲基嘧啶（SM2）作用较磺胺嘧啶差，但药效较长，毒性较低。对敏感细菌的全身性治疗效果较好，也是抗脑脊髓部细菌感染的首选药。主要用于沙门氏菌病、大肠杆菌病、巴氏杆菌病、传染性鼻炎。另外还可用于球虫病的防治。用法及用量同磺胺嘧啶相同。

磺胺甲基嘧啶（SMM）毒性低，防治细菌感染效果最佳，抗球虫效果也很好。主要用于沙门氏菌病、大肠杆菌病、巴氏杆菌病、传染性鼻炎以及球虫病的防治。用法：按0.1%拌料。

磺胺二甲氧嘧啶（SMD）是一种长效磺胺，其药效维持时间可长达24h，且不易损害肾脏，抗球虫效果较好，可治疗鸡霍乱、传染性鼻炎以及抗球虫等。用法：按0.01%～0.02%拌料。或0.025%～0.05%饮水，连用3d后停药3d，之后再用3d。

磺胺甲恶唑（新诺明，SMZ）的药效较长，主要用于大肠杆菌病、葡萄球菌病、巴氏杆菌病和沙门氏杆菌病的治疗。用法：按0.1%～0.2%拌料，注射量为20mg/kg体重，1次/d，连用3d。

（二）抗菌增效剂

三甲氧苄胺嘧啶（TMP）为磺胺药的抗菌增效剂，抗菌谱基本相同，但作用较强，与磺胺药及多种抗生素合用，可增效数倍。可防治大肠杆菌病、沙门氏杆菌病、葡萄球菌病、链球菌病及呼吸道感染等。用法：0.02%～0.04%拌料，与4倍的SMD或SMM合用时，药效增强数倍到10倍，也可与5倍的SD、SMP、SMD合用。

二甲氧苄胺嘧啶（DVD）为抗菌增效剂，作用同TMP，但药效较弱，口服吸收少，在消化道内浓度高，与SMZ或四环素合用，抗球虫作用比TMP强。常与5倍的磺胺药并用，防治家鸡球虫病、巴氏杆菌病、大肠杆菌病、葡萄球菌病和鸡白痢等，也可单独使用防治球虫病。可单独使用，也可合并使用，用法用量同TMP。

（三）喹诺酮酸类药物

氟哌酸（诺氟沙星）微溶于水，抗菌效力强，抗菌谱广，对革兰氏阴性菌作用强，对革兰氏阳性菌和霉形体也有较强的作用，且与其他抗生素之间无交叉耐药性。主要用于治疗鸡白痢、大肠杆菌病、霉形体病、产蛋鸡卵黄性腹膜炎等。拌料浓度为50～100mg/kg，混水浓度为20～40mg/L。

环丙乙氟哌酸为白色或淡黄色的结晶粉末，无臭、味苦。为广谱抗菌药，比泰乐霉素和硫粘霉素强。多用于治疗霉形体病，大肠杆菌病、沙门氏杆菌病、巴氏杆菌病和传染性鼻炎。拌料浓度为100mg/kg，混水浓度为50mg/L。

(四) 喹恶啉类药物

痢菌净。对多种细菌有较强的抗菌作用，特别是对革兰氏阴性菌，如巴氏杆菌、大肠杆菌、沙门氏菌等；对某些革兰氏阳性菌，如葡萄球菌和链球菌也有抑制作用，对密螺旋体有特效。主要用于治疗鸡霍乱，鸡白痢等。内服量：每次2.5~5mg/kg体重，2次/d，连用3d。注射量：每次2.5~5mg/kg体重，2次/d，连用3d。

喹乙醇。为黄色结晶状粉末，微溶于水，不溶于普通有机溶剂。对革兰氏阴性菌（如巴士杆菌、沙门氏菌、大肠杆菌）有抑制作用，但较链霉素差。对革兰氏阳性菌如葡萄球菌、链球菌等有一定的抑制作用，但比青霉素差。主要用于治疗鸡的巴士杆菌病、肠道炎症等，多用作饲料中的促生长素剂。内服量：每次5mg/kg体重，2次/d，用作促生长剂；按35mg/kg饲料，进行拌料。

三、抗寄生虫药

(一) 抗原虫药

磺胺二甲氧嘧啶（SMD）毒性较低，但长期用药可降低消化能力。其具有较好的抗球虫作用，常用于球虫病爆发后的治疗。治疗：用500mg/L浓度混饮，连用3d，停药3d，再用药3d。预防量：按125mg/kg拌料。

磺胺氯吡嗪钠（特效球虫药）为白色粉末状药物，易溶于水，安全性高，吸收快，能于24h内控制病情，毒性低，对蛋鸡、肉鸡、火鸡均适用，不影响产蛋率、孵化率等，作用广，能同时杀死球虫和细菌且无副作用。还可用于艾美耳球虫属引发的球虫病及并发的细菌感染疾病，如鸡霍乱、伤寒、大肠杆菌病等。饮水：按1~2g/kg加入饮水，用2~3d。混料：按2g/kg加入饲料，用3~5d。

莫能霉素（莫能菌素）是一种非常稳定的抗生素，不溶于水，可溶于有机溶液，对多种艾美耳球虫有抑制作用。用于预防和控制鸡的多种球虫病，宰前3d停药，蛋鸡限制使用。按80~100mg/kg拌料。可预防球虫病，促进生长。

盐霉素（沙利霉素）为白色粉末状药物，难溶于水。安全性高。对多种艾美耳球虫有抑制作用，对大多数革兰氏阳性病和厌氧菌、某些霉菌也有作用。用于鸡球虫病，还能促进生长，增加体重，缓解热应激。用法：按60~70mg/kg饲料进行拌料。

氨丙啉易溶于水，可溶于酒精，对脆弱艾美耳球虫和堆型艾美耳球虫效果良好，毒性较小，为产蛋鸡的主要抗球虫药。用法：按125~250mg/kg饲料进行拌料，连用2周，常与其他抗球虫药合用，以扩大抗球虫范围。

球痢灵（二硝苯酰胺）黄褐色、无味、无臭、稳定性高，毒性较低，无不良反应，对鸡球虫有效，预防量：按125mg/kg拌料，治疗量：按250mg/kg拌料，连用3~5d。

氯氢吡啶难溶于水，在多数有机溶剂中的溶解度也很低。在饲料加工、贮存过程中均非常稳定，毒性低，无副作用。对鸡的8种球虫病均有效，对球虫的作用较氨丙啉、球痢灵好并有增加体重、提高饲料生产报酬等优点。拌料混饲浓度为125~250mg/kg。

（二）抗蠕虫药

哌嗪（哌吡嗪）易溶于水，易吸收水分，需密封保存，安全性好，无不良反应，主要对鸡蛔虫有效，驱虫范围窄。常与其他驱虫药（如硫双二氯酚）配合，控制鸡蛔虫、蛲虫、绦虫。制剂有枸橼哌嗪，按0.2~0.3mg/kg体重拌料，或0.4~0.8%混饮。

左旋咪唑（左咪唑）易溶于水，毒性低，为广谱、高效、低毒、使用方便的驱虫药。可用于控制鸡类的多种线虫病，如鸡蛔虫、异刺线虫、毛细线虫等。驱蛔虫：24mg/kg体重，内服；驱线虫：36mg/kg体重，内服。

噻苯咪唑难溶于水，毒性小，治疗量不会引起任何反应。为广谱、高效、低毒的驱虫药。除对成虫有效外，还有抑制虫卵发育的作用。主要用于驱除鸡的蛔虫、气管线虫、毛细线虫等。按0.1%混饲，连用7d，驱除气管线虫。按100mg/kg体重口服，可驱除毛细线虫与蛔虫。

蝇毒磷（蝇毒）为硫代磷酸酯类化合物，无臭无味，不溶于水，属中等毒力杀虫药，体内残留量很少。其杀虫效力与颗粒细度有很大的关系，颗粒越细，杀虫作用越强。蝇毒磷还是优良的内吸毒剂，杀虫范围广。对鸡和各种螨虫、跳蚤、虱、蜱等体内寄生虫有效。用法：16%蝇毒磷剂，配成0.03%乳剂治疗鸡鳞足螨病，或喷洒地面等，也可用0.05%乳剂沙浴，杀灭体外寄生虫。

马拉硫磷作用于蝇毒磷相似，但毒性较低，多用于驱除家鸡体外寄生虫，喷雾剂浓度为1.25%，撒粉浓度为4%。

杀灭菊酯（敌虫菊酯、速灭酯）为接触性解毒杀虫剂，杀虫力强，杀虫谱广，毒性极低，使用安全，方便。对体外多种寄生虫有杀灭作用。用药浴、喷雾、直接涂擦法，浓度为1：（1 000~5 000）。

溴氰菊酯（敌杀死）杀鸡蜱的作用比杀灭菊酯强，对鸡虱、螨等也有作用，其残效期较短。直接喷洒或药浴，常用浓度为0.005%~0.008%。

第二节　常见病的预防和用药计划

入舍雏鸡1~2d，选用水溶性多维电解质饮水，有利排出胎粪和清理肠道。

1~7日龄饲料或饮水中加抗菌素，如氟哌酸，主要用于防治蛋传播的疾病，对沙门氏菌污染严重的种鸡场，出壳的雏鸡在1日龄注射3 000~5 000IU庆大霉素。

雏鸡在断喙前，饲料中多维素加倍，并伴有抗菌素（如土霉素），同时在每升饮水中加2mg维生素k_3，断喙后，饲槽中的饲料要添满。

20~40日龄的雏鸡，尤其是地面散养的鸡，饲料要伴有抗球虫药，如特效球虫粉、马杜霉素等。

从25日龄起开始喂砂子，每周一次，特别是笼养鸡，依据鸡的大小来确定砂粒的大小，每100只鸡喂1.5~2.5kg沙子。

在产蛋初期，饲料或饮水中投加抗菌素，如恩诺沙星、环丙沙星、庆大霉素、卡那霉素，间隔4周投药1周，主要是控制大肠杆菌、沙门氏菌和肠炎。

在防疫、转群或遇到较大应激反应前1~2d，在饮水或饲料中加入多维电解质、饮达康，投服土霉素等抗菌药物，控制应激性疾病。

90日和110日龄鸡各驱虫一次，每只鸡投服1片左旋咪唑或丙硫咪唑。

大肠杆菌病和慢性呼吸道病混感时，在饲料中添加0.4%的土霉素，饮水中加呼喉霸或呼喉灵。

第三节　不易使用抗生素的情况

蛋鸡饲养中抗生素应用非常广泛，它的应用对于蛋鸡的生产发展起到了有力的保障，但合理使用是关键。因为使用不当往往会造成药物中毒、机体某些器官及神经等的损害，甚至死亡，或因药物的颉颃失去药效等干脆起不到治疗效果，造成不必要的经济损失，蛋鸡疾病治疗中不易使用抗生素的几种情况如下。

对出现神经症状的畜鸡要严格筛选抗菌药。因凡有神经症状的家鸡，病症多为脑部受损后的表现，大多数抗菌药都不能通过血脑屏障发挥治疗作用。

患呼吸道疾病时，应在使用抗菌药的同时结合使用病毒灵才能取得理想效果。因为家鸡呼吸道疾病往往是细菌、病毒同时感染。

肌注链霉素易造成家鸡休克、甚至死亡。体腔注射链霉素易引起呼吸困难导致窒息死亡。

防治鸡全身性感染时不宜用青霉素、链霉素。通过饮水投服，青霉素 G 钠盐、钾盐和硫酸链霉素的水溶液很不稳定，在常温中极易分解失效，当遇到酸碱、氧化剂和重金属离子等失效更快，而污染了的食槽和食物残渣等是促使其分解失效的因素。另外青霉素、链霉素口服后吸收进入血液循环的量仅占给药量的 5% 左右，对全身性感染疾病几乎无防治作用，只能对某些敏感细菌所致的肠道感染有效，但也能因胃肠道内酸性环境和各种消化酶对它们的破坏作用而使药效降低。

用磺胺注射液稀释青霉素可使青霉素失效，青霉素或四环素和氢化可的松合用可使青霉素失效。四环素、卡那霉素、先锋霉素、氨苄青霉素等均不宜合用。

长期口服四环素和金霉素可刺激家鸡胃肠蠕动增强，影响营养吸收，造成呕吐，流涎、腹泻等症状，有时还会引起新的感染，医学上称为"二重感染"。

第十一章
鸡常用饲料的种类、配制与饲喂注意事项

第一节 饲料原料种类

蛋鸡常用饲料按性质可分为能量饲料、蛋白质饲料、矿物质饲料和添加剂。

一、能量饲料

能量饲料：以干物质计，粗蛋白含量低于20%、粗纤维含量低于18%的一类饲料即为能量饲料。能量饲料包括谷实类饲料、糠麸类饲料、糖蜜、油脂等。

(一) 谷实类饲料

蛋鸡常用的谷实类饲料包括玉米、小麦、稻谷、大麦、高粱、燕麦等。

玉米。代谢能含量为12.9~14.5MJ/kg。玉米的营养物质消化率高达90%以上。玉米的蛋白质含量仅为8%~8.7%，且蛋白质品质差，尤其缺乏赖氨酸、蛋氨酸和色氨酸。在配置全价饲料时，与大豆饼及鱼粉搭配容易达到氨基酸的平衡。如果不用鱼粉，则必须添加蛋氨酸，在肉鸡饲料中，还要添加赖氨酸。玉米中亚油酸含量高达2%，钙磷含量少，且比例不平衡，磷的利用率低，黄玉米含较多的叶黄素，是鸡的卵黄、皮肤的色素主要来源。

小麦。小麦的加工副产品，如次粉、碎麦、麦麸可作鸡饲料。小麦的代谢能比玉米低，但蛋白质含量高，达到12%以上。

稻谷。与玉米相当，可完全或部分取代玉米。鸡皮肤、脚胫和蛋黄颜色变浅，糙米以粉碎较细为宜。

大麦。含纤维较高，用量不宜过多，可占混合料的15%~20%。非淀粉多糖含量高，达10%以上。

高粱。高粱口味较涩，饲喂过多会使鸡便秘，可占混合料的10%左右，含单宁，营养价值为玉米的95%，用量不宜太多。

燕麦。粗纤维高、热能低，不能大量用于高产蛋鸡和雏鸡饲料中。

(二) 糠麸类饲料

蛋鸡常用的糠麸类饲料有小麦麸皮、米糠等。

小麦麸皮。麦麸粗纤维含量高，代谢能低，蛋白质含量14%～16%，蛋白质和磷的含量较多，含钙少，含B族维生素多，但缺乏维生素B_{12}。可占混合料的55%～10%，用时注意控制含水量。

米糠。粗脂肪含量高而且大多为不饱和脂肪酸，易氧化腐败，不宜长期存放。米糠适口性差，可占混合料的12%以下，雏鸡在8%以下。

油脂。包括植物油和动物油，油脂的特点是能量高达32～37MJ/kg，在产蛋鸡饲料中添加2%～5%的油脂，尤其是添加富含不饱和脂肪酸的油脂，可提高产蛋率，增加蛋重，在炎热夏季或寒冷的冬季效果明显。

二、蛋白质饲料

蛋白质饲料是指干物质中粗蛋白质含量大于或等于20%、粗纤维含量小于18%的饲料，蛋白质饲料可分为植物性蛋白质饲料、动物性蛋白质饲料。

(一) 植物性蛋白质饲料

蛋鸡常用的植物性蛋白质饲料包括大豆、大豆粕（饼）、菜籽饼（粕）、胡麻饼等。

大豆。大豆的蛋白质含量为32%～40%，粗脂肪高达16%，能量与玉米相当，而粗蛋白的含量则是玉米的4.3倍，懒氨酸高达2.2%以上，是玉米的8.5倍。大豆和黑豆中含有毒素，需要加热后才能使用。豌豆、蚕豆不含毒素，不需要加热，可以安全饲喂。

大豆粕、饼。经过压榨脱油后成饼状的叫油饼，含蛋白质40%～50%。必须氨基酸的含量高，组成合理，尤其是赖氨酸的含量可达2.4%～2.8%。大豆粕（饼）中含有胰蛋白酶抑制因子，血细胞凝集素、皂角碱、尿素酶几种毒素，需要适当的加热破坏，如果加热不足，会影响营养物质的吸收。因此，生大豆和未经加热的大豆饼（粕）不能直接喂鸡。

菜籽饼（粕）。含蛋白质36%左右。能量低，适口性差，含有芥子苷等致甲状腺肿大物质，不宜作为鸡的唯一蛋白质饲料，雏鸡日粮慎用。

胡麻饼。代谢能仅为7MJ/kg，蛋白质含量36%，赖氨酸，蛋氨酸含量不足，含有黏着物质，使雏鸡采食量困难，不宜喂雏鸡，母鸡饲料中不超过5%，过高会引起脱毛，产蛋量下降。

(二) 动物性蛋白质饲料

蛋鸡常用的动物性蛋白质饲料包括鱼粉、虾粉、肉骨粉、血粉等。其中，国产鱼粉蛋白质含量在 50% ~ 55%，进口鱼粉蛋白质含量在 60% ~ 70%。鱼粉中氨基酸的组成较好，钙、磷含量较高，所有的磷都是可利用的磷。鱼粉含有维生素 B_{12}。其他 B 族维生素含量较高，锌、硒含量也较高，是最好的蛋白质饲料。

三、矿物质饲料

矿物质饲料是指为动物提供所需矿物质元素的饲料。蛋鸡常用的矿物质饲料包括碳酸钙、石灰石粉、贝壳粉、蛋壳粉、磷酸氢钙、氯化钠等。

四、添加剂种类

添加剂是指为某种特殊目的而加入到配合饲料中的少量或微量物质，包括营养性和非营养性的添加剂。营养性添加剂包括氨基酸，微量元素，维生素等。非营养性添加剂可分为抑菌促长剂、抗球虫剂、抗氧化剂、酶制剂、防霉剂等。

第二节　饲料的配制

一、蛋鸡饲料配制的要求

生产商品鸡蛋的饲料应具备配合饲料成本低，质量好，鸡蛋生产成本低，饲料转化效率高等基本特点。50 周龄以前的产蛋鸡，饲料除了用于维持需要和产蛋需要外，还需要一定量的饲料长身体，产蛋的饲料转化效率相对要低一些；50周龄以后，鸡采食的饲料除了用于维持需要，剩余部分都可以用于满足最大产蛋潜力的需要。鸡产蛋率越高，用于维持需要的饲料相对越少，产蛋的饲料利用效率越高。若饲料，营养供给不足，则不能发挥鸡的产蛋潜力；饲料供给过量，使鸡长得过肥，也不利于产蛋。因此，恰当供给鸡产蛋所需要的饲料，是蛋鸡生产的一项重要技术，饲料配方则是控制鸡适宜摄入饲料和营养物质的关键技术。

商品产蛋鸡饲料配方，严格遵循产蛋的营养生理规律，才能设计出高质量的饲料配方。鸡产蛋是一个连续的生理过程，每形成一枚蛋需要 26h 以上，表明产蛋鸡不可能天天产蛋，最好的产蛋鸡连续产蛋 13d 左右也要停产 1d，群体产蛋鸡的产蛋率更不可能达到 100%，这一生理特性不能通过营养手段使其改变。但是，鸡产蛋的数量、质量、产蛋效率则可以通过营养和管理手段加以控制。集约化生产条件下的产蛋鸡，通过营养和管理手段加以控制，使鸡在第二、第三产蛋周期内产尽可能多的蛋，最经济有效地产蛋。由于产蛋周期数量增加，产蛋高峰期的产蛋率和周期总产蛋量逐渐递减。在正常饲养，营养和管理条件下，第一个产蛋周期的高峰期产蛋率可达到95%以上，第二个产蛋周期一般只能达到90%左右，第三个产蛋周期明显低于90%。鸡的产蛋寿命维持越长，越不利于降低商品产蛋的生产成本。通过提高配合饲料质量也不能达到目的。

鸡的自然产蛋周期一般都在12个月以上，产蛋周期越长，产蛋总效率和饲料利用效率越低。商品生产条件下的产蛋周期一般控制在9～11个月，当产蛋高峰期过后，产蛋率下降到60%左右时，通过人工强制换羽技术可使鸡提前进入下一个产蛋周期。

采取3段产蛋周期的方法，在同一个产蛋周期内，产蛋率仍然具有明显变化。鸡产蛋周期之间和产蛋周期内的产蛋变化规律是合理设计适合产蛋需要的高质量配合饲料的重要基础。产蛋性能的发挥，关键在于配合饲料的设计和生产质量。因此，饲料配方设计和配合饲料质量对挖掘产蛋遗传潜力，降低生产性能的促进作用。例如，具有80%产蛋能力的鸡群，可以通过合理设计配合饲料使80%的产蛋能力充分发挥，但是不能通过设计90%产蛋率的配合饲料使只具有80%产蛋率的鸡实现90%产蛋率的目的，而且可能因饲料使用只具有80%产蛋率的鸡实现90%产蛋率的目的，还可能因饲料质量不适宜，80%的产蛋率也没有保证。

二、蛋鸡饲料配制的原则

(一) 科学性原则

饲料配制的基础，主要反映在营养平衡，适口性等几个方面。

(二) 经济性原则

经济性即考虑经济效益，配方成本在饲料企业生产中及畜牧业生产中占很大比重，在追求高质量的同时，往往会付出成本的代价。营养参数的确定要结合实际，饲料原料的选用应注意因地制宜，要合理安排饲料加工工艺程序和节省劳动力消耗，降低成本。既在保证畜禽营养的前提下，饲料配方成本最低。

(三) 可操作性原则

可操作性即生产上的可行性，配方在原料选用的种类、质量稳定程度、价格及数量上都应与市场情况及企业、养殖户条件相适应，产品的种类与阶段划分应符合养殖业的生产要求，还应考虑加工工艺的可行性。

(四) 安全性与合法性原则

按配方设计的产品应严格符合国家法律法规及条例，如营养指标、感官指标、卫生指标等，尤其是不能使用违禁药物，对动物和人体可能有害的物质，其使用或含量应严格遵照国家规定，另外配方设计还要考虑产品对环境生态的影响。

三、蛋鸡饲料的营养水平

鸡的生长、产蛋都需要一定的营养物质，而营养物质的来源主要是从饲料中摄取。鸡获得各类营养物质后，经过体内的消化、代谢活动，转变成鸡的体蛋白、氨基酸、脂肪、维生素、糖原等，进而合成为人类需求的鸡产品。

(一) 蛋鸡的饲养标准

蛋鸡的营养指标有代谢能、蛋白质、氨基酸、无机盐、维生素和必需脂肪酸。这里主要列出代谢能、粗蛋白质、钙、磷、食盐、蛋氨酸、赖氨酸需要量（表 11 - 1）和我国蛋鸡配合饲料标准（表 11 - 2）。在蛋鸡配合饲料标准中，产蛋后备鸡包括雏鸡、青年鸡两个阶段。

表 11 - 1　蛋鸡各阶段营养指标

项目	雏鸡	青年鸡		产蛋鸡（产蛋率%）		
周龄	0～6	7～14	15～20	＞80	65～80	＜65
代谢能（Mcal/kg）	2.85	2.80	2.70	2.75	2.75	2.75
粗蛋白质（％）	18.0	16.0	12.0	16.5	15.0	14.0
蛋白能量比（g/Mcal）	63	57	44	60	54	51
钙（％）	0.80	0.70	0.60	3.50	3.40	3.20
总磷（％）	0.70	0.60	0.50	0.60	0.60	0.60
有效磷（％）	0.40	0.35	0.30	0.33	0.32	0.30
食盐（％）	0.37	0.37	0.37	0.37	0.37	0.37
氨基酸（％）	0.30	0.27	0.20	0.36	0.33	0.31
赖氨酸（％）	0.85	0.64	0.45	0.73	0.66	0.62

表 11-2 蛋鸡配合饲料标准（GB/T 5916—2004）

产品	饲喂阶段	粗蛋白质 ≥	赖氨酸 ≥	蛋氨酸 ≥	蛋氨酸+胱氨酸 ≥	粗脂肪 ≥	粗纤维 ≤	粗灰分 ≤	钙	总磷	食盐
产蛋后备鸡饲料	前期（0~8周）	18.0	0.98	0.37	0.74	2.5	5.5	8.0	0.90 ~ 1.20	0.60 ~ 0.80	0.30 ~ 0.80
	中期（9~18周）	15.0	0.66	0.27	0.55	2.5	6.0	9.0	0.80 ~ 1.10	0.54 ~ 0.80	0.30 ~ 0.80
	后期（19周，5%产蛋率）	17.0	0.70	0.34	0.64	2.5	7.0	10.0	2.00 ~ 2.50	0.52 ~ 0.80	0.30 ~ 0.80
产蛋期饲料	高峰期（产蛋率>85%）	16.5	0.73	0.34	0.65	2.5	5.0	13.0	3.30 ~ 4.00	0.52 ~ 0.80	0.30 ~ 0.80
	高峰后期（蛋率≤85%）	15.5	0.67	0.32	0.56	2.5	6.0	13.0	3.50 ~ 4.00	0.50 ~ 0.80	0.30 ~ 0.80

注：1. 饲料中营养成分以86%干物质计算；

2. 凡是添加植酸酶的饲料，总磷可以降低，但生产厂家制定企业标准，并在饲料标签上注明添加植酸酶，并标明其添加量；

3. 添加液体蛋氨酸的饲料，蛋氨酸、蛋氨酸+胱氨酸可以降低，但生产厂家应制定企业标准，并在饲料标签上注明添加液体蛋氨酸，并标明其添加量

(二) 饲料配制方法示例

××鸡场的产蛋鸡产蛋率为63%，该养鸡场现有饲料原料为玉米、大麦、麸皮、大豆饼、棉仁饼、菜籽饼、鱼粉和矿物质添加剂等。饲料配合过程中，使用的饲料种类及考虑的营养指标越多，计算过程就越复杂，现代养鸡生产中，已经广泛运用计算机为鸡提供各种饲料配方，这里仅列举简单的配合应用方法。

设计配料计算表，格式见表 11-3。

表 11 – 3　配料计算表

饲料	配比（%）	配合量（kg）	代谢能（Mcal/kg）	粗蛋白质（%）	蛋白质/能量	赖氨酸（%）	蛋氨酸（%）	色氨酸（%）	钙（%）	磷（%）	食盐（%）
玉米	58.4	292									
大麦	10	50									
麸皮	12	60									
大豆饼	5	25									
棉仁饼	4	20									
菜籽饼	4	20									
鱼粉	3	15									
食盐	0.37	1.35									
石粉	1.2	6									
骨粉	1.3	6.5									
合计	100	500									
标准			2.75	14.00	51.00	0.62	0.25	0.10	3.20	0.60	0.37
与标准比较											

　　根据品种类型（蛋用或肉用）、产蛋率，查出饲养标准中有关规定。此例不对各项营养指标全面考虑，选择最重要的几项。只考虑代谢能、粗蛋白质、蛋白质/能量、钙、磷、食盐、蛋氨酸、赖氨酸、色氨酸等，并将这些成分的需要量分别填入配料表（表 11 – 3）的相应栏内。

　　根据饲料资源的情况、价格的高低、适口性的好坏、养分含量及习惯用法，初步拟出各种饲料的配比，并填入表 11 – 3。

　　根据鸡群规模、饲料库存量，确定配料量，此例为 500kg，并填入表 11 – 3。

　　根据草拟的比例，计算出各种饲料用量，并填入表 11 – 3。

　　根据饲料营养成分表与配比，先计算出各种饲料的代谢能、粗蛋白质的数量，取两位小数，第三位则四舍五入，计算过程见表 11 – 4（初配计算过程）。

表 11 - 4　初配计算过程

饲料	配比（%）	代谢能（Mcal/kg）	粗蛋白质（%）
玉米	58.4	0.584×3.3=1.92	0.584×7.8=4.55
大麦	10	0.10×3.3=0.28	0.10×10.9=1.09
麸皮	12	0.12×1.78=0.21	0.12×14.2=1.70
大豆饼	5	0.05×2.50=0.13	0.05×40.2=2.01
棉仁饼	4	0.04×2.19=0.09	0.04×35.0=1.40
菜籽饼	4	0.04×1.62=0.06	0.04×36.0=1.44
鱼粉	3	0.03×2.50=0.08	0.03×53.0=1.59
合计		2.77	13.78

　　将草拟比例的计算结果，与标准进行比较，发现代谢能比标准0.02MJ/kg，粗蛋白质低于标准。由于矿物质饲料不含能量与粗蛋白，故表中不再列出。

　　调整：应适当提高粗蛋白质含量，同时减低代谢能，根据饲料特点考虑玉米减少1.4%，大豆饼增加1%，再计算这两项指标（表11-5）。经初步调整，能量、粗蛋白质略高于标准，可不再变动。

表 11 - 5　调整的计算过程

饲料	配比（%）	代谢能（Mcal/kg）	粗蛋白质（%）
玉米	58.2	0.582×3.3=1.90	0.582×7.8=4.54
大麦	10	0.10×3.3=0.28	0.10×10.9=1.09
麸皮	12	0.12×1.78=0.21	0.12×14.2=1.70
大豆饼	6	0.06×2.50=0.15	0.06×40.2=2.41
棉仁饼	4	0.04×2.19=0.09	0.04×35.0=1.40
菜籽饼	4	0.04×1.62=0.06	0.04×36.0=1.44
鱼粉	3	0.03×2.50=0.08	0.03×53.0=1.59
合计		2.77	14.17

根据调整后比例与饲料营养成分表中钙、磷含量，进一步计算钙、磷量。计算中取三位小数，第四位四舍五入，见表 11-6。

表 11-6　钙、磷的计算过程

饲料	配比（%）	钙（%）	磷（%）
玉米	58.2	0.582×0.03=0.175	0.582×0.28=0.160
大麦	10	0.10×0.03=0.003	0.10×0.30=0.030
麸皮	12	0.12×0.22=0.026	0.12×1.09=0.131
大豆饼	6	0.06×0.32=0.192	0.06×0.50=0.030
棉仁饼	4	0.04×0.40=0.016	0.04×0.50=0.020
菜籽饼	4	0.04×0.61=0.024	0.04×0.95=0.038
鱼粉	3	0.03×3.10=0.093	0.03×1.17=0.035
石粉	1.2	0.012×35=0.420	
骨粉	1.3	0.013×30.12=0.392	0.013×13.46=0.175
合计		1.341	0.619

将钙、磷与标准比较，可见：

钙少：3.20-1.341=1.859%，与标准差距太大。必须补加钙。

磷多：0.619-0.60=0.019%，略超出标准，可以不调整。

用石粉补充钙，补加量为 5.3%（由 1.859÷35 算得）即每公斤混合料另加 53g 石粉，可将钙含量提高到标准要求（3.2%）。

食盐符合标准。

根据调整后的配方与饲料营养成分表中氨基酸含量，进一步计算赖氨酸、蛋氨酸、色氨酸含量（表 11-7），矿物质饲料中不含氨基酸，故表中不再列入。

表 11 - 7 氨基酸计算过程

饲料	配比（%）	赖氨酸（%）	蛋氨酸（%）	色氨酸（%）
玉米	58.2	$0.582 \times 0.25 = 0.15$	$0.582 \times 0.12 = 0.07$	$0.582 \times 0.09 = 0.05$
大麦	10	$0.10 \times 0.4 = 0.04$	$0.10 \times 0.13 = 0.01$	$0.10 \times 0.15 = 0.02$
麸皮	12	$0.12 \times 0.67 = 0.08$	$0.12 \times 0.23 = 0.03$	$0.12 \times 0.30 = 0.04$
大豆饼	6	$0.06 \times 2.49 = 0.15$	$0.06 \times 0.51 = 0.03$	$0.06 \times 0.60 = 0.04$
棉仁饼	4	$0.04 \times 1.59 = 0.06$	$0.04 \times 0.61 = 0.02$	$0.04 \times 0.50 = 0.02$
菜籽饼	4	$0.04 \times 1.18 = 0.05$	$0.04 \times 0.71 = 0.03$	$0.04 \times 0.50 = 0.02$
鱼粉	3	$0.03 \times 3.90 = 0.12$	$0.03 \times 1.44 = 0.04$	$0.03 \times 0.70 = 0.02$
合计		0.65	0.23	0.21

将氨基酸含量与标准进行比较。

赖氨酸：$0.65 - 0.62 = +0.03$，略高于标准。

蛋氨酸：$0.23 - 0.25 = 0.02$，略低于标准。

色氨酸：$0.21 - 0.10 = +0.11$，高于标准。

根据比较结果，配方中所提供的氨基酸基本上符合标准，可以不做调整。

据实际情况，考虑在配方外另加适量微量元素、维生素、抗生素等添加剂。

列出调整后的配方，供配料时使用（表 11 - 8）。

表 11 - 8 产蛋鸡饲料配方（产蛋率低于 65%）

饲料	玉米	大麦	麸皮	棉仁饼	菜籽饼	大豆饼	鱼粉	石粉	骨粉	食盐
配比（%）	58.2	10	12	4	4	6	3	1.2	1.3	0.37

注：每千克混合料另加 53g 石粉。

列出本配方的主要养分含量表（见表 11 - 9）。

表 11 – 9　所配饲料各养分含量表

代谢能（Mcal/kg）	粗蛋白（%）	蛋白质/能量	钙（%）	磷（%）	食盐（%）	赖氨酸（%）	蛋氨酸（%）	色氨酸（%）
2.77	14.17	141.7÷2.77=51.15	3.2	0.6	0.37	0.65	0.23	0.21

四、蛋鸡的饲料配方推荐

(一) 蛋雏鸡的饲料配方

玉米 62%，麦麸 3.2%，豆粕 31%，磷酸氢钙 1.3%，石粉 1.2%，食盐 0.3%，添加剂 1%。

玉米 61.7%，麦麸 4.5%，豆粕 24%，鱼粉 2%，菜粕 4%，磷酸氢钙 1.3%，石粉 1.2%，食盐 0.3%，添加剂 1%。

玉米 62.7%，麦麸 4%，豆粕 25%，鱼粉 1.5%，菜粕 3%，磷酸氢钙 1.3%，石粉 1.2%，食盐 0.3%，添加剂 1%。

(二) 育成鸡的饲料配方

玉米 61.4%，麦麸 14%，豆粕 21%，磷酸氢钙 1.2%，石粉 1.1%，食盐 0.3%，添加剂 1%。

玉米 60.4%，麦麸 14%，豆粕 17%，鱼粉 1%，菜粕 4%，磷酸氢钙 1.2%，石粉 1.1%，食盐 0.3%，添加剂 1%。

玉米 61.9%，麦麸 12%，豆粕 15.5%，鱼粉 1%，菜粕 4%，棉粕 2%，磷酸氢钙 1.2%，石粉 1.1%，食盐 0.3%，添加剂 1%。

(三) 产蛋鸡的饲料配方

玉米 58.4%，麦麸 3%，豆粕 28%，磷酸氢钙 1.3%，石粉 8%，食盐 0.3%，添加剂 1%。

玉米 57.9%，麦麸 4%，豆粕 21.5%，鱼粉 2%，菜粕 4%，磷酸氢钙 1.3%，石粉 8%，食盐 0.3%，添加剂 1%。

玉米 57.4%，麦麸 3%，豆粕 20%，鱼粉 2%，菜粕 4%，棉粕 3%，磷酸氢钙 1.3%，石粉 8%，食盐 0.3%，添加剂 1%。

以上配方中添加剂含氨基酸、维生素、微量元素和生长促进剂。

第三节　减少饲料浪费的措施

养鸡场饲料浪费相当普遍，占饲喂量的 10% 左右，为了减少饲料浪费，应采取以下措施。

饲料的选择与利用：所配制的饲料应根据鸡的不同品种、不同生长时期，对能量、蛋白质等营养成分进行不同的配比，平衡氨基酸种类。最好利用计算机筛选出最佳饲料配方。使配成后的饲料适口性好、营养全面。同时价格低廉、取材方便。

日龄不同的鸡应选择不同形状的饲料，颗粒料和破碎料成本高于粉料。在育雏前期。选用混合粉料来饲喂，可以让雏鸡充分采食饲料。育雏后期及育成期选用破碎料，产蛋期选用颗粒饲料，这也是根据鸡的生理特点以提高适应性，且营养全面、均衡，不易损失。

加强饲养管理：少喂勤添。对于笼养鸡，一次加料不宜超过料槽的 1/3，否则，饲料加到料槽的 1/2 ~2/3 时，将浪费饲料 5% ~12%。

掌握好饲喂量。不同日龄的鸡群，采用不同的饲喂量。育雏期鸡群生长快，应及时调整好每日饲喂量，日喂 6 次，使鸡吃饱又不浪费。育成期要进行限制饲喂，可节省饲料 10% ~15%，如不限制饲喂，不仅浪费了饲料，而且容易造成鸡体过肥过重，影响以后的产蛋量。产蛋期要稳定饲喂量，为 120 ~130g/d，使料槽里的料在晚上熄灯前略有剩余，第二天给光后 1h 内鸡能采食完。

定期补喂砂粒。定期补喂沙粒有利于饲料的消化和吸收，与不添加沙粒相比，消化率提高 3% ~10%。

适时断喙。断喙可以防止啄癖，有助于采食，减少饲料浪费，一般可节省饲料 5% ~8%。断喙应在 10 日龄进行，12 周龄再修补 1 次。

及时淘汰病残鸡。在育成期，对于弱小鸡和有腿疾、瞎眼、歪嘴等残次鸡及时进行淘汰处理。从育成舍转入产蛋舍，产蛋过程中及产蛋后期，均应进行一次淘汰。定期观察鸡群，发现病、残、弱、抱窝鸡和不下蛋的鸡，应及时淘汰，以免加大费用。产蛋高峰过后，达到盈亏临界产蛋率就应及时淘汰。

饮水装置。勤查饮水系统，发现漏水及时修理。以免水流入料槽将料浸湿后引起饲料腐败、变质。

合理使用添加剂。根据添加剂的使用说明准确称量，不可随意加大用量，否则不但增加成本，而且不利于鸡的正常代谢和生产。同时，根据生产水平及时调整全价料配方。

冬季防寒。成鸡适宜温度为 13 ～ 24℃，在冬季要注意温度的剧烈变化，及时采取加盖门帘或人工升温等措施，适宜通风换气降低湿度，以减少用于维持需要的饲料消耗。

经常驱虫。尤其是 3 月龄前期的雏鸡，用四咪唑、磺胺嘧啶等驱虫剂驱除体内寄生虫，减少不必要的饲料消耗，平常要清扫粪便，堆积发酵，以杀灭虫卵。

加强饲料的保管：保管、贮存饲料要有专门料房，选择地势高燥、阴凉、通风良好的地方，配制的饲料不宜贮存过久，防止饲料中营养成分的损失。一般情况下，饲料存放不超过一周。在潮湿多雨季节，饲料中的霉菌会迅速繁殖，容易造成饲料发霉变质。在高温季节，可在饲料中加入适量的抗氧化剂和防霉剂。

及时灭鼠杀虫：鼠害和虫蛀不仅消耗饲料造成额外浪费，而且还消耗氧气，产生二氧化碳和水，释放出热量和排出粪尿，导致饲料局部温度升高，湿度加大，引起饲料结块霉败。更严重的是鼠类还咬死小鸡，偷吃鸡蛋，传播疾病，所以要及时采取措施做好灭鼠工作，防止饲料的浪费和污染。

第十二章
蛋鸡的保健与卫生管理

优质的专用雏鸡，高效率的配合饲料，适用于大群饲养的鸡舍及其设施，鸡烈性传染病的控制，这些都确保了蛋鸡生产性能的实现，除此之外，在蛋鸡生产中的卫生管理及蛋鸡本身的保健也是确保蛋鸡生产性能的一个重要环节。随着现代养鸡业的发展，蛋鸡生产集约化程度高，养鸡密度的增加，疫病控制难度显著增加。如果气候环境不利，再加上微生物及寄生虫的寄生等各种应激因素，将促使蛋鸡生长或生产性能下降，解决这些问题的关键是，必须彻底实施蛋鸡的卫生管理及其保健措施。

第一节　消毒

科学、合理、有效的消毒工作是消灭传染源、切断疫病传播途径的重要手段，消毒药的正确使用显得尤为重要。

一、消毒药的选择

(一) 饮水用消毒剂的选择

饮水消毒要求所用消毒药物对鸡只的肠道无腐蚀和刺激，一般常选用的药物为卤素类，常用的有次氯酸钠、漂白粉、二氯异氰尿酸、二氧化氯等，有关资料介绍，对雏鸡采用低浓度的高锰酸钾饮水，可清理小肠肠道，但具体效果目前还不好判定。

(二) 喷雾用消毒剂的选择

喷雾消毒分两种情况，一种是带鸡喷雾消毒，主要应用卤素类和刺激性较小的氧化剂类消毒剂，如双季铵盐-碘消毒液、聚维酮碘、过氧乙酸、二氧化氯等；另一种是对空置的鸡舍和鸡舍内的设备进行消毒，一般选择氢氧化钠、甲酚皂、过氧乙酸等。

(三) 浸泡用消毒剂的选择

一般选用对用具腐蚀性小的消毒药物，卤素类是其首选，也可用酚类进行消毒。对于门前消毒池，建议用3%～5%的烧碱溶液消毒。

(四) 熏蒸用消毒剂的选择

一般选择高锰酸钾和甲醛，也可用环氧乙烷和聚甲醛，可根据情况进行选择。

二、常用消毒药物的用法用量

(一) 酚类

1. 苯酚（酚、石碳酸）

可溶于水和醇等，有特臭，是较早的消毒剂。杀菌作用强，但对组织有刺激性和腐蚀性。多用于运输车、墙壁、运动场和鸡舍的消毒。一般消毒需用3%～5%浓度的水溶液。

2. 来苏尔（煤酚皂、甲酚皂）

是一种棕色黏稠液体，有甲酚的臭味，能溶于水和乙醇，含甲酚50%，杀菌力强于甲酚，腐蚀性浓度较低。主要用于鸡舍、用具和排泄物的消毒，不宜用于蛋品和肉品的消毒。消毒时常用其水溶液，鸡舍和用具的消毒浓度为3%～5%，粪便等排泄物消毒浓度为5%～10%。

(二) 碱类

（1）氢氧化钠（烧碱）、氢氧化钾易溶于水，在空气中可吸水和二氧化碳而潮解，需密闭保存，其杀菌力很强，对细菌、病毒、寄生虫卵杀灭作用强。常用于鸡舍、器具、地面、环境、车船等的消毒。消毒效果好，但有较强腐蚀性，消毒饲具后，须用清水洗净。2%～3%溶液可用于一般病毒和细菌污染的消毒。5%溶液多用于消毒芽胞。

（2）石灰（熟石灰，消石灰）的主要成分是氧化钙，加水后成氢氧化钙，属强碱，吸湿性很强，对一般细菌有效，对芽孢和结核杆菌无效。多用于墙壁、地面（可撒布阴湿地面消毒）、粪便处理场所、污水沟、周围环境等处的消毒，使用比较广泛。常用的石灰乳，由石灰加水配成，如配成20%石灰乳（1kg生石灰加5L水），要现用现配，防止失效，消毒浓度为10%～20%。

(三) 氧化剂

（1）高锰酸钾（灰锰钾），无臭，易溶于水，应密闭保存，属强氧化剂，遇有机物即起氧化作用。能杀死多种细菌和芽胞，在酸性溶液中杀菌作用增强。常用本品来加速福尔马林蒸发而起到消毒作用，还可用于饮水消毒及除臭和防腐。

0.1%的水溶液常用于皮肤、黏膜创面冲洗和蔬菜、饮水消毒；2%～5%的水溶液用于杀芽胞的消毒。

（2）过氧乙酸（过醋酸）为无色透明液体，易溶于水和乙醇。呈弱酸性，易挥发，有刺激性气味，有强大的氧化作用，为广谱消毒剂，对细菌、病毒、芽胞均有强大的杀灭作用，但对动物和人的眼睛和呼吸道有刺激性，多用于环境和空栏消毒，现配现用。常用于鸡舍、仓库、食品车间的地面、墙壁、通道、料筒的喷雾消毒和鸡舍内空气的消毒。还可用于耐酸塑料、玻璃等制品和用具的浸泡消毒。舍内空气环境消毒，20%过氧乙酸溶液 5～15mL/m^3，稀释成 3%～5%溶液，加热熏蒸，密闭 1～2h，鸡舍、环境的喷雾消毒用 0.1%～0.5%的水溶液，浸泡消毒用 400～2 000mL/L。

（四）卤素类

漂白粉是次氯酸钙、氯化钙和氢氧化钙的混合物，呈灰白色粉末状，有氯臭味。有效氯应为 27%-30%。低于 16% 不应使用。其杀菌作用易受环境中的酸碱度、温度和有机物的影响。主要用于饮水用的消毒、也可用于鸡舍、用具、车辆的排泄物的消毒。消毒饮水：加入 6～10g/m^2；料桶、饮水器和器具的消毒，1%～3%澄清液；鸡舍和排泄物的消毒，10%～20%乳剂。

二氧化氯（消毒王）无机含氯的第四代灭菌消毒剂，广谱高效安全，对细菌、芽胞、真菌、病毒有杀灭作用，可带鸡消毒、饮水消毒等。是目前使用的化学消毒剂中最理想的广谱性高效安全杀菌消毒剂，在国际上被称为中国氯碱。

（五）表面活化剂

碘难溶于水，溶于酒精，常温下有挥发性，需密闭保存，具有强大的杀菌、杀病毒、杀霉菌作用。碘酊为最常用和最有效的皮肤消毒药，也可作饮水消毒。碘甘油，常用于消毒黏膜，治疗鸡白喉。皮肤消毒，浓度为2%或5%饮水消毒，在每升水中加入2%碘酊5～6滴，碘甘油为含碘1%的甘油制剂。

百毒杀为双链季铵盐类消毒剂，比一般单链季铵盐化合物强数倍。为无色、无臭液体，能溶于水，有速效和长效的双重效果，对细菌杀灭效果较好，对真菌、病毒、藻类有一定的杀灭效果。可带鸡消毒、饮水消毒、环境消毒等。饮水消毒：用 50～100mg/L，代鸡消毒：用 100mL/L。

洗必泰：属双胍化合物，无臭，味苦，呈强碱性能，稍溶于水和乙醇。其抗菌谱广，对各种细菌和病毒都有效，对绿脓杆菌也有效。毒性低，刺激性小，用途很广泛。多用于洗手消毒、皮肤消毒、创伤冲洗，也可用于鸡舍、器具设备的消毒等。洗手消毒：用 200mg/L；皮肤消毒：用 500mg/L；器械消毒：用 0.1%

水溶液；鸡舍等处的环境消毒：用 500mg/L 水溶液喷雾。

新洁尔灭为无色或淡黄色液体，芳香，味极苦，性质稳定，属季铵盐类。具有去污和杀菌两种效力，渗透力强。对肠道菌，化脓病原菌和部分病毒有较好的杀灭作用。对结核杆菌和真菌的效果不好，对细菌芽胞只起抑制作用。常作为消毒防腐药，用于消毒手、皮肤、黏膜和器具等，也可用于消毒种蛋，饲养用具、饮水器等。洗水消毒：0.05% ~0.1% 水溶液；种蛋的喷雾和浸泡消毒：0.1% 水溶液；皮肤、黏膜消毒：1% 水溶液；器械、用具的浸泡消毒：1% 水溶液；舍内空气的喷雾消毒：0.15% ~0.2% 的水溶液。

(六) 挥发性烷化剂

甲醛易溶于水，有特殊的刺激性。其溶液（福尔马林）含甲醛 36%。为光谱杀菌剂，能有效的杀死细菌、病毒和芽胞等。其应用十分广泛，多用于鸡舍、仓库、孵化室、种蛋的消毒，以及器械、标本和尸体的消毒防腐。器械消毒：2% 的福尔马林；种蛋熏蒸消毒：用福尔马林 $14mL/m^3$；孵化器消毒：用 $30mL/m^3$；鸡舍、空气消毒：用 $15~30mL/m^3$，加热熏蒸消毒，或用 75mL 福尔马林加 45g 高锰酸钾，密闭熏蒸 24h。

聚甲醛为甲醛的聚合物，不溶于水。本身无消毒作用，加热产生大量甲醛气体，呈现强大的消毒力。其使用方便，对消毒时的温度和湿度要求不太严格。鸡舍和孵化室熏蒸消毒：用 $10g/m^3$；一般消毒：用 $3~5g/m^3$。

三、鸡场消毒注意事项

(一) 正确选择消毒剂

养殖场户的栏舍及环境中存活有大量的细菌和病毒，有些消毒剂（如高锰酸钾、生石灰、来苏尔等）只有杀菌作用而对病毒基本无效。这些药物应尽量少用或者不用，应选择那些对细菌、病毒均有较好杀灭作用的苛性钠、甲醛、百毒杀等。

(二) 消毒前的清扫

消毒药物的消毒效果与环境中的有机物含量是成反比的，如果消毒环境中有机物的污物较多，也会影响消毒效果。因为有机物一方面可以掩盖病原体，对病原体起保护作用，另一方面可降低消毒药物与病原体的结合而降低消毒药物的作用，所以建议养殖户在对鸡舍消毒时，尽量清理干净鸡舍内的鸡粪、垫料、灰尘，以及墙壁上的污物，器具等也要洗刷干净后再进行消毒，以提高消毒效果。

(三) 消毒液浓度及用量

消毒效果与消毒药物浓度和作用时间成正比，药物的浓度越高，作用时间越长，消毒效果越好，但对组织的刺激性越大。如浓度过低，接触时间过短，则难以达到消毒的目的，因此，必须根据消毒药物的特性和消毒的对象，恰当掌握药物浓度和作用时间。

(四) 消毒剂和被消毒物品的温度

在适当范围内，温度越高，消毒效果越好，据报道，温度每增加10℃，消毒效果增强 1~1.5 倍，因此，消毒通常在 15~20℃ 的温度下进行。

(五) 环境中酸碱度 (pH)

对消毒药物药效有明显的影响，如酸性消毒剂在碱性环境中消毒效果明显降低；表面活性剂的季铵盐类消毒药物，其杀菌作用随 pH 值的升高而明显加强；苯甲酸则在碱性环境中作用减弱；戊二醛在酸性环境中较稳定，但杀菌能力弱，当加入 0.3% 碳酸氢钠，使其溶液 pH 值达 7.5~8.5 时，杀菌活性显著增强，不但能杀死多种繁殖性细菌，还能杀死带芽孢的细菌，含氯消毒剂的最佳 pH 值为 5~6；以分子形式起作用的酚、苯甲酸等，当环境 pH 值升高时，其杀菌作用减弱甚至消失，而季铵盐、氯己定、染料等的杀菌作用随 pH 值升高而增强。

(六) 消毒要全面，不能留死角

一次污染，病原体便可广泛分布于环境、场地、土壤、灰尘、粪便、墙缝等各个角落并能长期存活，这是我们肉眼无法看到的，而消毒的目的是把它们统统消灭，所以对廊舍、道路、粪便、靴帽等凡与畜鸡有直接或间接接触过的均应严密地喷洒、熏蒸或彻底洗刷消毒，同时不能忽视对场舍门口消毒池内消毒液的定期更换。

(七) 微生物的敏感性

不同的病原体对不同的消毒药敏感性有很大差别，如病毒对酚类的耐受性大，而对碱性的消毒药物敏感；乳酸杆菌对酸性耐受性大，生长繁殖期的细菌对消毒药较敏感，而带芽孢的细菌则对消毒药物耐受性较强。

(八) 消毒药物的颉颃作用

两种消毒药物混合使用时会降低药效，这是由于消毒药的理化性质决定的，所以养殖户在消毒时尽量不要用两种消毒药物配合使用，并且两种不同性质的消毒药使用时要隔开时间。例如：过氧乙酸、高锰酸钾等氧化剂与碘酊等还原剂之间可发生氧化还原反应，不但会减弱消毒作用，还会加重对皮肤的刺激性和毒性。

(九) 消毒应经常进行

定期大消毒于临时消毒相结合，并应把消毒工作当成日常的工作内容常抓不懈。实践证明，制定并执行严格的消毒制度是搞好养殖工作的基础。

（十）喷雾消毒注意事项

消毒前 12h 内给鸡群饮用 0.1% 维生素 C 或水溶性多种维生素溶液。

选择刺激性小、高效低毒的消毒剂，如 0.02% 百毒杀、0.2% 抗毒威、0.1% 新洁尔灭、0.3% ~0.6% 毒菌净、0.3% ~0.5% 过氧乙酸或 0.2% ~0.3% 次氯酸钠等。

喷雾消毒前，鸡舍内温度应比常规标准高 2 ~3℃，以防水分蒸发引起鸡受凉造成鸡群患病；进行喷雾时，雾滴要细。喷雾量以鸡体和网潮湿为宜，不要喷得太多太湿，一般喷雾量按 15mL/m³ 空间计算，干燥的天气可适当增加，但不应超过 25mL/ m³，喷雾时应关闭门窗。

冬季喷雾消毒时最好选在气温高的中午，平养鸡则应选在灯光调暗或关灯后鸡群安静时进行，以防惊吓，引起鸡群飞扑、挤压等现象。

许多养殖户用干的生石灰消毒，这是很不科学的。用生石灰消毒时要把生石灰加水变成熟石灰，再用熟石灰加水配成乳浊液进行消毒，一般用熟石灰加入 40% ~90%（按重量计）的水，生成 10% ~20% 的石灰水乳液，泼洒地面即可。石灰水溶液必须现配现用，不能停留时间过长，否则易使石灰水溶液形成碳酸钙而降低消毒效果；在干燥的天气不要用石灰粉在鸡舍内撒布消毒，以免漂浮在鸡舍内的石灰粉吸入鼻腔和气管，对鸡的鼻腔和气管产生刺激，容易诱发呼吸道病。

四、建议消毒程序

鸡群出栏后没有清理粪便的鸡舍（出栏后 1 ~3d），用 0.5% 的过氧乙酸喷雾消毒，目的是减少鸡粪对环境的污染。

清理粪便后（出栏后 3 ~5d）再用 1% 的过氧乙酸对鸡舍和鸡舍外 5m 内全部喷洒消毒，目的是减少鸡舍内外病原微生物含量。

出栏后 6 ~9d，对鸡舍内外彻底清扫，做到三无（无鸡粪、无鸡毛、无污染物），然后用 0.3% 的漂白粉冲洗消毒后风干鸡舍，目的是通过清洗和清扫来减少鸡舍内外的病原微生物。

出栏后 10 ~12d，用 3% 的氢氧化钠对鸡舍各个角落喷洒消毒，然后用 20% 的石灰乳涂刷墙壁、泼洒地面，要求涂匀，泼匀，不留死角，然后用少量清水清洗鸡舍。再用高锰酸钾和甲醛熏蒸消毒后密闭鸡舍。

在进雏前 5d，打开鸡舍，放尽舍内的甲醛气体，然后整理器具，升温，准备进鸡。

第二节　鸡的免疫

为了做好蛋鸡的保健和严格的卫生管理，要了解其主要疾病发生的年龄、季节和采取的预防措施，制定切实可行的卫生计划。免疫接种是预防疫病发生最有效、最经济的措施之一，要有较好的免疫效果，必须制订科学合理的免疫程序。然而免疫程序的制订受多种因素的影响，如母源抗体水平，本地区疫病的流行情况，本场以往的发病情况，鸡的品种，疫苗的种类，鸡的日龄等。因此，各养鸡场要制订出适于本场使用的免疫程序。

一、制订控制烈性传染病的免疫程序

鸡的烈性传染病主要是马立克氏病、鸡新城疫、鸡传染性法氏囊病等。

(一)免疫程序的制订

首先要根据鸡种的免疫状况及当地疾病流行的情况，结合本场的具体实际来制订，更可靠的办法是通过监测母源抗体等手段来确定各种疫苗使用的确切日期，编制成表，严格执行。

(二)疫苗使用注意的事项

疫苗种类很多，但不可乱用、滥用。一般来说，当地有该病流行和威胁的，才进行该种疫苗的接种，而对当地没有威胁的疫病，可以不接种。

疫苗在运输和保存期间要尽量维持在低温（<0℃）条件下，避免高温和阳光照射。鸡霍乱氢氧化铝菌苗保存的最适温度是 2~4℃，温度太高会缩短保存期，如果冻结的话，可破坏氢氧化铝的胶性以致失去免疫特性。此外，所有的疫苗和疫苗都应在干燥条件下保存，还需注意不使用过期的疫苗和菌苗。

疫苗瓶破裂、长霉、无标签或无检验号码的疫苗和菌苗均不能使用。

使用油剂苗用前和使用中充分摇动均匀，使用冻干苗时，要按照说明书规定使用的稀释液和倍数，并充分摇匀。稀释时绝对不能用热水或靠近热源和晒天阳。稀释的疫苗应放置在阴凉处，按时用完。如弱毒苗用生理盐水稀释均匀，使用过程中充分摇匀，稀释后 4 小时内用完，剩余疫苗应当销毁。

在进行滴鼻、点饮水、喷雾、滴口等免疫前后各 24h 内不要进行喷雾消毒和饮水消毒。饮水时最好使用无菌蒸馏水。免疫前断水 2~3h，不要使用氯气消毒的水，若使用自来水时要静置 2h，如果使用可疑的无菌蒸馏水，则应每 10L 水中加 50g 脱脂奶粉。含疫苗的水应在 1h 内饮完，饮完之前不要添加任何水，使含疫苗的水成为免疫期间的唯一水源，不要使用铁质饮水器。

翅膀下刺种鸡痘时，要躲开翅静脉进行刺种，并且在免疫 5~7d 后观察刺种处有无红色小肿块，若有表明免疫成功，若无表明免疫无效。病毒性关节炎弱毒苗免疫部位也应出现小肿块，否则表明无效。

油乳剂灭活苗选择颈部皮下注射原因：首先，颈部皮下自由活动区域大，注入疫苗后不影响头部的正常活动，而且吸收也比较均匀，注射时用左手捏着颈部下 1/3 和上 2/3 交界处皮肤，针头从上往下扎入，切勿将针头向上进针，以免引起肿头。

接种弱毒活菌苗前后各 5d，鸡群应停止使用对菌苗敏感的抗菌药物，而接种病毒性疫苗时，在前 2d 和后 3d 的饲料中应添加抗菌药物，以免疫苗接种应激引发其他细菌感染；各种疫（菌）苗接种后，还应加喂一倍量的多种维生素，以缓解应激反应。

接种用具，包括疫苗稀释过程中使用的工具，在使用前必须清洗和消毒。当接种工作结束时，应把所用器具及用剩的疫苗经煮沸消毒，然后清洗，以防散毒。

二、蛋鸡免疫程序推荐

1 日龄：注射马立克疫苗。

7 日龄：H120 饮水或滴鼻。

10 日龄：Ⅱ系或Ⅳ苗滴鼻、点眼或饮水。

14 日龄：法氏囊苗滴鼻、点眼或饮水。

20 日龄：新、支、法（小三联）冻干苗饮水、小三联油苗肌注（0.3mL/羽）。

30 日龄：鸡痘苗刺种（需两针约 0.01mL/羽）。

50 日龄：慢呼（鸡毒支原体）苗点眼。

70 日龄：Ⅰ系苗、新城疫油苗同时肌注（0.5mL/羽）。

100 日龄：注射大三联（新、支、减）苗（0.8mL/羽）。

120 日龄：注射鼻炎苗 0.5mL。

130 日龄：鸡流感 0.5mL 肌注

250 日龄：大三联油苗胸肌注射（0.8mL/羽）。

注意：

新城疫疫苗与 3 种苗（传染性法氏囊炎苗、传染性支气管炎苗、传染性喉气管炎疫苗）同时使用会相互干扰，使用间隔不少于一周，传染性支气管炎与传染性喉气管炎苗的使用间隔不少于 7d。

根据当地具体情况可考虑使用的疫苗还有鸡脑脊髓炎苗，鸡白痢沙门氏菌油乳剂苗，鸡流感油乳剂灭活苗，注意，在鸡脑脊髓炎疫苗使用前后两周都不应当考虑用其他疫苗。

第十三章
鸡蛋的保鲜加工

第一节　鸡蛋的组成及营养价值

一、鸡蛋的组成

鸡蛋由蛋壳、蛋清和蛋黄组成。其中蛋壳约占蛋重量的 11%，蛋清占 57%，蛋黄占 32%。蛋壳主要由无机物构成，主要是碳酸钙，含有少量的碳酸镁、磷酸钙及磷酸镁。蛋壳中有机物主要为蛋白质，另外还有一定量的水及少量的脂质。蛋白的组成成分主要是蛋白质和水分，还含有糖类、矿物质、维生素、色素等。蛋黄中干物质约占 50%，为蛋白中干物质的 4 倍。蛋黄的组成非常复杂，除含水分外，还富含蛋白质、脂肪、钙、磷和铁等无机盐。

二、鸡蛋的构造

鸡蛋的构造（图 13 – 1）由内向外可以分为以下 6 个部分。

（一）蛋壳

蛋壳起着保护蛋的内容物及供给胚胎发育所想要的矿物质的作用。其成分主要是碳酸钙，其厚度为 0.2 ~ 0.4mm. 蛋壳对于外压的抵抗力也不相同，纵轴耐压较强，横轴耐压较弱，故蛋在装箱运输和保藏时最好立放（大端向上，小端朝下），不易横放，更不可横竖乱放，这样可以减少破损。

如果用放大镜观察蛋壳，可以看到蛋壳上布满很多小孔，这些小孔就是气孔，空气可以通过气孔进入蛋内，蛋内的气体和水汽亦可由气孔排出，气孔最大的部位在大端。故鸡蛋长期贮存重量就会减轻，就是由于蛋内水分通过气孔蒸发的缘故。

蛋壳的表面还有一层水溶性的壳胶膜，由于这层质膜的存在将气孔封闭，所以能防止细菌侵入蛋内而具有保护作用，同时也能减少水分的蒸发。蛋由于洗涤和长期保存，壳胶膜很容易破坏。

(二) 壳膜

将蛋打破，除去内容物，便可以在蛋壳里面看到一层薄膜，该膜称为壳膜。壳膜分为内外两层，内层叫蛋白膜，外层叫蛋壳膜，这两层膜紧贴在一起，不易分离，只在气室部分自然分开。蛋白膜和蛋壳膜由有机纤维组成，蛋壳膜的结构比较粗糙，网间空隙较大，微生物可以直接通过。蛋白膜的结构较致密，纹理较细，对蛋的内容物起到保护作用，使白蛋白的抑菌作用更为有效。

(三) 气室

气室是由于蛋产出后冷却及水分蒸发逐渐形成的，气室通常在蛋的大端，亦有少数的蛋不在蛋的大端而在蛋的中部或小端的，这属不正常型。凡偏气室的蛋均不能用于孵化，气室的大小可作为蛋新鲜程度的标志，一般的说，存放时间越长，气室越大。

(四) 蛋白

蛋白为多层无色透明的富于营养的胶状体。可分为稀蛋白（水样蛋白）和浓蛋白两种，共分3层：外水样蛋白、浓蛋白和内水样蛋白。新鲜浓蛋白较多，但在贮存过程中浓蛋白逐渐分解变稀，所以蛋越陈旧，水样蛋白就越多。

(五) 蛋黄

蛋黄也叫卵黄，是母鸡的卵细胞，含有丰富的营养物质，为胚胎发育营养的主要来源。蛋黄位于蛋的中央，黄色，不透明，呈半流动状态，被一层薄膜包裹。这层薄膜叫蛋黄膜，其作用是固定蛋黄的现状，避免蛋白质与蛋黄想混。新鲜的蛋黄膜弹性好，可维持蛋黄的一定现状（球形），陈旧蛋的蛋黄膜弹性差，易破裂造成散黄。

蛋黄可分为深色蛋黄和浅色蛋黄两种。将鸡蛋煮熟后，去掉蛋壳和蛋白，把蛋黄完整取出，用一根头发丝将蛋黄沿白点对半切开，便可见深色蛋黄与浅色蛋黄呈同心圆状排列，中心为浅色蛋黄所充满，并突向蛋黄表面呈细劲瓶状，其上为一白色圆点，受精后称为胚盘，未受精者称胚珠（图13-1）。

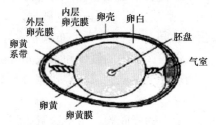

图 13-1　鸡蛋结构示意图

(六) 系带

蛋黄的两端各有一条白色带状物，称为系带。它的作用是固定蛋黄的位置，使蛋黄居于中央。其性质是由蛋白构成，具有弹性。随着时间的延长，弹性逐渐降低，甚至与蛋黄脱离而失去作用。

三、鸡蛋的营养价值

鸡蛋，味美价廉、营养丰富。每100g鸡蛋含蛋白质约13.3g，脂肪8.8g。鸡蛋含有脂肪、卵磷脂、维生素和铁、钙、钾等人体所需要的矿物质，含有人体必需的多种氨基酸，与人体蛋白质组成相近。鸡蛋，确实是一种理想的天然"补品"。红壳蛋中蛋白质含量为12.4%，白壳蛋为13%；红壳蛋中脂肪含量为11.2%，白壳蛋为9.9%；其他营养成分含量也相差无几。蛋黄中蛋白质含量为1.5%，脂肪含量为33.3%；蛋白中蛋白质含量为12.3%，脂肪含量为0.2%。此外，蛋黄中还含有丰富的钙、磷、铁、维生素A、维生素D及B族维生素。蛋黄的含铁量竟比蛋白的高出20倍。

鸡蛋中含有较多的维生素 B_2，可以分解和氧化人体内的致癌物质。鸡蛋中的微量元素，如硒、锌等也都具有防癌作用。

鸡蛋营养成分：	热量（kcal）144	胆固醇（mg）585	维生素 A（μg）234
	钾（mg）154	钠（mg）131.5	磷（mg）130
	钙（mg）56	硒（μg）14.34	蛋白质（g）13.3 12.4% ~13%
	镁（mg）10	脂肪（g）8.8	碳水化合物（g）2.8
	铁（mg）2	维生素 E（mg）1.84	锌（mg）1.1

四、鸡蛋常见品种与分类

鸡蛋按其蛋壳颜色可以分为褐壳鸡蛋、粉壳鸡蛋、白壳鸡蛋、绿壳鸡蛋，其占比分别为68%、20%、7%、5%。产品品种分为鲜鸡蛋、冷藏鲜鸡蛋。鲜鸡蛋的等级以蛋重为主要衡量标准，感官指标为辅，只要蛋重再考虑感官指标。

鲜鸡蛋等级指标（重量）	一级	二级	三级
蛋重（10枚，g）	≥625	≥500	<500
每千克枚数	≤16	17~20	≥20

鲜鸡蛋等级指标（感官）	一级	二级	三级
蛋壳	清洁，有外蛋壳膜不破裂、蛋形正常色泽鲜明	清洁，不破裂、蛋形正常	不破裂
气室	完整，深度不超过7mm，无气泡	完整，深度不超过7mm，无气泡	可移动，深度不超过9mm，无气泡
蛋白	浓厚	浓厚	较浓厚，允许存在少量血斑
蛋黄	居中，轮廓显明，胚胎未发育，蛋黄系数>0.4	居中，轮廓明显，胚胎未发育，蛋黄系数0.39~0.36	居中或稍偏，轮廓显著，胚胎未发育，蛋黄系数<0.35

注：1. 深度：指蛋体气室向上放置，其内蛋壳膜顶部中心点至蛋白顶之间的距离。
　　2. 蛋黄系数：指蛋黄高度与蛋黄直径的比值。
资料来源：中证期货研究部

五、鸡蛋的营养保健作用

鸡蛋含有丰富的蛋白质、脂肪、维生素和铁、钙、钾等人体所需要的矿物质，蛋白质为优质蛋白，对肝脏组织损伤有修复作用。

富含蛋白质和卵磷脂、卵黄素，对神经系统和身体发育有利，能健脑益智，改善记忆力并促进肝细胞再生。

鸡蛋中含有较多的 B 族维生素和其他微量元素，可以分解和氧化人体内的致癌物质，具有防癌作用。鸡蛋味甘，性平，具有养心安神，补血，滋阴润燥功效。

第二节　鸡蛋的保存、包装、运输

一、鸡蛋的保管与存储

由于鸡蛋是生物体，离开母体后一直进行着相应的生物活动，各种各样的活动使得鸡蛋内部成分发生一系列的变化。因此为了保证鸡蛋的质量，贮存方法很重要。温度与鸡蛋保存的日期紧密相关，如果鸡蛋的存放时间过久，鸡蛋会因细菌侵入而发生变质，出现粘壳、散黄等现象，鸡蛋保存的温度高于25℃出现坏损的概率比较大，夏季常温保存一般在 7 ~ 10d，鸡蛋在15℃以下可以保存到30d左右，鸡蛋超过保质期其新鲜程度和营养成分都会受到一定的影响。

贮存鲜蛋的基本原则如下。

防止微生物侵入蛋内。

抑制蛋壳上和蛋内原有微生物的发育。

保持蛋的新鲜状态，维持蛋白、蛋黄的理化性质，减缓其变化过程。

抑制蛋内胚胎的发育。

现将鲜蛋贮存的主要方法分述如下。

(一) 冷藏法

冷藏法贮蛋是利用低温来延缓蛋内的蛋白质分解，抑制微生物生长繁殖，达到在较长时间内保存鲜蛋的方法。冷藏法操作简单，管理方便，贮藏效果好，一般贮藏半年以上仍能保持蛋品新鲜。冷藏鲜蛋的方法如下。

冷库消毒。鲜蛋入库前，要先将冷库打扫干净、通风换气，并消毒，以杀灭库内残存的微生物。采用乳酸熏蒸消毒，消灭残存细菌和害虫，垫木、码架用火碱水浸泡消毒后使用。

严格选蛋。鲜蛋冷藏的好坏，同蛋源有密切的关系。鲜蛋入库前要经过外观和透视检验，剔除破碎、裂纹、雨淋、异形等次劣蛋。

合理包装。入库蛋的包装要清洁、干燥、完整、结实、无异味、每个箱子要有孔隙，箱与箱之间应当适当留有间隙，以利空气流通，防止鲜蛋受污染发霉，轻装轻卸。

鲜蛋预冷。选好的鲜蛋入库前要经过预冷。若把温度较高的鲜蛋直接送入冷库，会使库温上升，导致水蒸气在蛋壳上凝成水珠，给霉菌生长创造了条件；另一方面，蛋的内容物是半流动的液体，若遇骤冷，内容物很快收缩，外界微生物易随空气一同进入蛋内。预冷的方法有两种：一种是在冷库的穿堂、过道进行预冷，每隔 1～2h 降温 1℃，待蛋温降到 1～2℃时入冷库；另一种是在冷库附近设预冷库，预冷库温度为 0～2℃，相对湿度为 80%～85%，预冷 20～40h，蛋温降至 2～3℃时转入冷藏库。

冷库温度要保持恒定，不能忽高忽低。并且定期进行质量检查，一般每半月一次，发现问题及时处理。

冷库中不要存放其他带有异味的物品；冷库中存放的鲜蛋，不要随便移动。另外，鲜蛋在出库时，要缓慢升温，防止蛋壳表面"出汗"，否则容易引起微生物污染蛋壳。

(二) 鸡蛋的石灰水贮藏法

方法是每 50 千克水加 1 千克生石灰，充分搅拌，然后静置沉淀，取上部澄清液注入洁净的缸内，将新鲜蛋徐徐放入石灰水内贮存。贮存室温不宜太高，冬季不能结冻，以保持在 10～15℃ 为宜，同时应维持室内清洁。经贮存的石灰水液面产生一层玻璃样的薄膜，这是正常现象，不应破坏这层薄膜。

石灰水能够贮存鲜蛋的原因如下：生石灰的成分主要是氧化钙，加水后变成氢氧化钙，氢氧化钙是一种强碱，有防腐与杀菌作用，但它不能是蛋白质凝固（其他碱类如氢氧化钾、氢氧化钠等能使蛋白质发生凝固），所以可用石灰水贮存鲜蛋。同时，在贮存的过程中，由蛋内渗出的二氧化碳遇到氢氧化钙变成碳酸钙，产生的碳酸钙沉积于蛋壳上，将蛋壳上的气孔封闭，这对于蛋的长期贮存是很有帮助的。

此法不需要特殊设备，成本低廉，手续简便，贮藏效果好。贮藏原理如下。

新鲜鸡蛋自然呼吸作用所排出的二氧化碳和石灰水中的氢氧化钙作用产生不溶性的碳酸钙，这些微小的碳酸钙颗粒被吸附在蛋壳表面的气孔上，将蛋壳气孔堵塞，气孔封闭后可以防止微生物和细菌的侵入及蛋内水分的蒸发，所以能贮藏比较久，从而达到保鲜目的。

此法贮存鲜蛋可达半年至一年之久，贮存时间在半年以内，鸡蛋品质无什么改变。贮存半年以上，蛋黄膜弹性较差，易破裂，可以炒食。

用石灰水贮存鲜蛋，要注意以下方面。

生石灰遇水后即释放出大量热量，应等水冷却和澄清以后才能将鲜蛋放入，此项工作最好提前一天完成。

在贮存之前，要对鲜蛋进行选择，破裂和变质的蛋不能贮存，污脏的蛋要在洗净后才能入缸。

经过石灰水贮存的鸡蛋，壳上沉积有一层碳酸钙，蛋壳表面失去原有的光泽，这种蛋如带壳煮时，因气孔被碳酸钙所封闭，最好用针在气室部刺一小孔，蛋内气体因受热膨胀可以由小孔溢出，否则易使蛋壳炸裂。

(三) 热水浸蛋法

将鸡蛋装在网袋或竹筐（铁丝）筐内，直接浸入100℃的沸水中，浸泡5~7s立即取出，蛋在热水中经过短时间的浸渍，靠近蛋壳的一层蛋白凝固。由于这层蛋白凝固，可防止微生物侵入，固有保存鲜蛋的作用。这种方法简便易行，可在常温下贮存3~4个月，品质不会有多大变化。

(四) 碳酸气贮存法

将鲜蛋贮存于含有3%的碳酸气的空气中，这样可以减少蛋内碳酸气的释放，降低蛋白呼吸作用。碳酸气可以减弱微生物的繁殖，同时可以防止蛋白结构的改变和蛋黄膜的破裂，使蛋的品质得以保持不变。

此法往往与冷藏相结合，即将鲜蛋贮存于含3%的碳酸气的冷库内，这样虽然经过长期贮存，蛋的重量，蛋黄、蛋白的状态与新鲜蛋比较，没有什么差异，这是一种较理想的贮蛋法，但是需要有复杂的设备，成本较高。

(五) 泡化碱保管法

泡化碱即硅酸钠、水玻璃，外观如糖浆状，是一种不挥发性的硅酸盐溶液。贮藏鸡蛋时的浓度为56℃的泡化碱1kg加水30kg。这种方法可以贮藏鲜鸡蛋2～3个月。水玻璃贮蛋虽然方法简便，但成本较高，在大量贮存鸡蛋时，耗费较大，此法使用不多。

(六) 涂布法

选用各种被覆剂涂布在蛋壳表面，堵塞气孔，防止水分蒸发和微生物的侵入，以达到保鲜目的。目前，常用的被覆剂主要有液体石腊油、聚乙烯醇、动植物油等。在涂布前，最好先进行蛋壳消毒，如此保存效果更好。

二、种蛋的选择与保存

(一) 种蛋的选择

用于孵化的蛋称为种蛋。种蛋的配置是影响孵化的内在因素，它不仅决定孵化成绩的好坏，而且影响到雏鸡的健康及今后生产性能的优劣，因而应在孵化之前对种蛋进行严格的选择。

1. 种蛋的来源

孵化用的种蛋应当是来自高产、健康无病、品种优良的鸡群。对于种鸡要正确地饲养管理，配偶比例适当，这样才能保证种蛋有较高的受精率和孵化率。

2. 种蛋应当新鲜清洁

用于孵化的种蛋应当愈新鲜愈好，随着存放时间的延长，孵化率逐渐降低。关于种蛋的保存时间，应视气候和保存条件而定，在春秋季不超过7d，夏季不超过5d，冬季不超过10d为宜。

蛋壳表面不应粘有饲料、粪便和泥土等污物。

3. 蛋壳质地要均匀

种蛋壳的质地应当细致均匀，不得有皱纹、裂痕，厚薄要适中，蛋壳太厚出雏困难，太薄水分蒸发迅速而且容易破裂。在选择时应将所谓钢皮蛋、沙壳蛋和裂纹蛋剔出。

4. 内部品质良好

选择可用灯光照视蛋的内部品质，凡贴壳蛋、散黄蛋、蛋黄流动性大的和蛋内有气泡的及偏气室和气室游动的蛋，均不宜用于孵化。

5. 种蛋要符合品种标准

种蛋的颜色、蛋重和蛋形每个品种都有一定的标准。如蛋应是椭圆形，两端匀称，重量 55～60g 较为适宜。

(二) 种蛋的保存

种蛋应当妥善保存，如果保存不当，种蛋质量很快下降，必然影响孵化效果。种蛋保存条件主要是温度、湿度、通风 3 个方面。

温度。保存种蛋的适宜温度最好维持在 8～12℃，若温度过高，胚胎便会早期开始发育。容易造成中途死亡。如冬季低于 5℃ 以下，时间过久，使胚胎受冻影响孵化率。

湿度。种蛋适宜湿度应保持在 80%～85%，过低，蛋内水分蒸发；过高，使种蛋生霉。

通风。放种蛋的地方应保存在通风条件好、无蝇、无鼠的房间里，避免阳光直晒，不能放置在潮湿的地方。不要震动种蛋，防止散黄。

有条件的地方，最好每天将种蛋转动一次，防治因长期贮存发生粘壳现象。

种蛋在保存期间不要洗涤，以免壳胶膜溶解破坏，加速蛋的变质。

三、鲜蛋的包装技术

鲜蛋容易破碎损坏，包装材料应当力求坚固耐用，经济方便。可以采用木箱、纸箱、塑料箱、蛋托和与之配套用的蛋箱。

(一) 普通木箱和纸箱包装鲜蛋

木箱和纸箱必须结实、清洁和干燥。每箱以包装鲜蛋 300～500 枚为宜。包装所用的填充物可用切短的麦秆、稻草或锯末屑、谷糠等，但必须干燥、清洁、无异味，切不可用潮湿和霉变的填充物。包装时先在箱底铺上一层 5～6cm 厚的填充物，箱子的四个角要稍厚些，然后放上一层蛋，蛋的长轴方向应当一致，排列整齐，不得横竖乱放。在蛋上再铺一层 2～3cm 的填充物，再放一层蛋，这样一层填充物一层蛋直至将箱装满，最后一层应铺 5～6cm 厚的填充物后加盖。木箱盖应当用钉子钉牢固，纸箱则应将箱盖盖严，并用绳子包扎结实。最后注明品名、重量，并贴上"请勿倒置"、"小心轻放"的标志。

(二) 利用蛋托和蛋箱包装鲜蛋

蛋托是一种塑料制成的专用蛋盘，将蛋放在其中，蛋的小头朝下，大头朝上，呈倒立状态。每蛋一格，每盘 30 枚。蛋托可以重叠堆放而不致将蛋压破。蛋箱是蛋托配套使用的纸箱或塑料箱、竹篮。利用此法包装鲜蛋能节省时间，便于计数，破损率小，蛋托和蛋箱可以经消毒后重复使用。

三、鲜蛋的运输

在运输过程中应尽量做到缩短运输时间，减少中转。目前，国内鸡蛋调运几乎全部采用汽车运输模式。

此外还要注意蛋箱要防止日晒雨淋。冬季要注意保暖防冻，夏季要预防受热变质。运输工具必须清洁干燥，凡装运过农药、氨水、煤油及其他有毒和有特殊气味的车、船，应经过消毒、清洗后没有异味时方可运输。

我国鸡蛋流通一般是从农村或城市近郊的蛋鸡养殖场，由鸡蛋收购商贩直接收购，或是由养殖专业合作社代为收购，或是由一体化企业收购，大部分不经过任何处理直接运输、批发、配送分配到零售机构。少部分经过清洗、消毒后再配送分配到零售机构。零售机构包括农贸市场、超市、便利店和小店等。但是目前只有超市、大型蛋鸡养殖企业具备专门的车辆和仓库，以及少量用于蛋品运输的冷链运输设备。

四、鲜鸡蛋的鉴别

新鲜鸡蛋表面上附着一层霜状粉末，蛋壳颜色鲜明，气孔明显。如果蛋壳表面很亮很光滑或呈苍白色，有油腻，说明贮存时间比较久。

将鸡蛋较大一头对着阳光或用手电筒照射，气室（即鸡蛋里面的空隙）越小越新鲜。

用手轻摇，无声的是鲜蛋，有响声，则表明不新鲜。

将鸡蛋轻轻放入清水中，沉到水底蛋是新鲜蛋，半沉半浮的是陈蛋，浮于水面的是变质蛋。

将三个蛋拿在手里相互轻碰，新鲜鸡蛋发出的声音实，似碰击砖头声。

包装后的鸡蛋，看厂家产品包装上的生产日期，日期越近越新鲜。

第三节　鸡蛋的初加工

鲜蛋经过加工，可以制成各种蛋制品和美味佳肴。例如，用鸡蛋可以加工成鲜美可口的松花蛋、咸蛋等，也可以用鲜蛋加工成冰蛋、蛋粉等制品，作为食品加工的重要原料。

一、皮蛋

皮蛋又名松花蛋、变蛋或彩蛋等，制成后有美观的墨绿色的花纹，可以较长时间保存，而且十分可口，是我国传统的风味蛋制品，不仅为国内广大消费者所喜爱，在国际市场上也享有盛名。

做皮蛋用的原料主要有生石灰、食碱（碳酸钠）、食盐和茶叶等，生石灰遇水后变成氢氧化钙，氢氧化钙遇碳酸钠变成氢氧化钠和碳酸钙。所生成的氢氧化钠是使蛋白凝固的主要成分，同时使蛋黄变成墨绿色。产品特点与质量检验：成品松花蛋，蛋壳易剥不粘连，蛋白呈半透明的褐色凝固体，蛋白表面有松枝状花纹，蛋黄呈深绿色凝固状，有的具有糖心；切开后蛋块色彩斑烂；食之清凉爽口，香而不腻，味道鲜美。

松花蛋的验质分级是生产厂家的最后一道重要工序，应按照国家有关规定进行。消费者购买商品时，也要进行挑选。松花蛋质量检验常用的方法主要是一观、二掂、三摇、四照。

一观：观看包料有无发霉，蛋壳是否完整，壳色是否正常（以青缸色为佳）。

二掂：将蛋放在手中，向上轻轻抛起，连抛几次，若感觉有弹性颤动感，并且较沉重者为好蛋，反之为劣质蛋。

三摇：用拇指和中指捏住蛋的两头，在耳边上下左右摇动，听其有无水响声或撞击声，若听不出声音则为好蛋。

四照：用灯光透视，若蛋内大部分呈黑色或深褐色，小部分呈黄色或浅红色者为优质蛋。若大部分呈黄褐色透明体，则为未成熟松花蛋。

皮蛋加工的方法很多，而且各地都有自己的特色。

(一) 北京皮蛋加工方法

配料标准：鸡蛋 960 枚，水 50kg，纯碱（碳酸钠）3.3kg，生石灰 14kg，黄丹粉 150g，食盐 2kg，红茶末 1kg，柏树枝 250g。

熬料：按配方要求将备好的食盐、红茶末、柏树枝放在锅内，加水煮沸（或用 50kg 沸水冲入这些辅料中），趁热慢慢倒入预先放好生石灰、黄丹粉、纯碱等辅料的缸内，用木棍不断搅拌。待全部辅料溶化后，即成料液，冷却后备用。

装蛋与灌汤：将排选好的鲜鸡蛋，放入清洁的缸内。事先在缸底铺一层垫草，如麦秸等，以免下层鸡蛋直接与缸底相碰而破损。装缸时要轻轻按层次平放，放至距缸口 15cm 处即为满缸，用竹蓖别住蛋面，以免灌汤后鸡蛋飘浮。灌汤前，要将料液拌匀，按需要量徐徐沿缸壁倒入缸内，直至将鸡蛋全部淹没为止，盖上缸盖，静置安放在室内。灌汤时的料液温度以 22～25℃为宜。

泡制：在泡制期要控制好室内温度，一般要求为 20～24℃，在灌汤后最初两周内，不得移动蛋缸，以免影响蛋的凝固。装缸后，夏天经 6～7d，冬天经 9～11d，应进行第一次质量检查。取样蛋用灯光透视，发现基本似黑贴皮，说明正常。若全部发黑，说明料液太浓，须加冷茶水冲淡。第二次检查可在下缸后 20d 左右进行。

出缸、洗蛋：北京皮蛋的成熟期为 35 ~ 45d。成熟的标志是，蛋向空中抛起落在手里有颤动感，有弹性；灯光透视内容物呈茶红色；剥壳检查，蛋白呈墨绿色，不粘壳，凝固良好，蛋黄呈绿褐色，中心呈淡黄色，并有饴糖状核心。达到上述标准时，应立即出缸，以免老化。松花蛋出缸后，要及时进行清洗，并沥水晾干。洗蛋应用冷开水或残料的上清液，忌用生水。

包泥、滚糠、贮运：出缸后的皮蛋要进行验质分级，少部分可直接供应市场。出口或存放的皮蛋，要进行包泥和滚糠。泥料配制视皮蛋成熟情况而定。一般是用 60% ~ 70% 的黄泥黏土加 30% ~ 40% 的泡制过皮蛋的料汤，用温水调成泥糊状。包泥时要逐个用泥料包裹，随即放在稻糠或谷壳上来回滚动，使之均匀地粘在包泥上。包好的皮蛋装入箱或缸内，加盖封严，即可贮运。贮藏期一般为 3 ~ 4 个月。

(二) 速成鸡皮蛋加工方法

配料标准：鸡蛋 1 000 枚，生石灰 10kg，纯碱 3.5kg，食盐 350g，大茴香 250g，花椒 250g，松柏枝 1 把，味精 50g，红茶末 50g，谷糠、草木灰适量。

加工过程：先将花椒、大茴香、松柏枝放在锅内，加水 5kg 煮半小时，再加入食盐、红茶末煮 5min，然后加入味精搅拌，舀出后过滤取汁，待汁液稍冷却后加入生石灰和纯碱，充分搅拌，使其完全溶化。最后用手抓 8 ~ 10 把草木灰加入，搅拌成糊状。将选好的鲜鸡蛋，在糊浆中浸蘸一下，使其粘满料浆，再滚上谷糠，装缸密封。若将蛋缸置于 30℃ 的室温内，只需 7d 即可成熟出缸。出缸后晾干，便可销售或装箱（缸）贮藏。

二、盐蛋（咸蛋）

制作盐蛋方法比较简单，只要食盐用量适当，口味甚好，无论有经验或无经验，都可制作。

(一) 草灰浸腌法

配料标准：鲜鸡蛋 1 200 枚，食盐 5kg，清水 23kg，纯干稻草灰 15kg。

加工方法：先将水和食盐在锅内煮沸，冷却后把稻草灰分三次加入搅拌，拌到料浆熟细均匀，不稀不稠为度。把选好的鲜鸡蛋逐个放入盛料浆的木盘中滚动，使鸡蛋均匀地粘满料浆，再放到盛有干灰的盘内滚动，然后用手搓至厚薄均匀，横放入蛋缸内，密封入库。夏季约经 15d。春秋季 1 个月，冬季约 30 ~ 40d，即可腌好。

(二) 盐泥涂布法

配料标准：鸡蛋 1 200 枚，食盐 6 ~ 7.5kg，黄土（洁净干燥）8kg，冷开水 4kg。

加工方法：将食盐放入缸内，加水使其溶解后，加入黄土，用木棒搅拌成糊状。泥浆稠度以 1 只鸡蛋在其中半沉半浮为宜。将选好的鸡蛋，放在泥浆中，使蛋壳上全部粘满泥浆后，逐个横放于缸中，待基本装满后，把剩余的泥浆倒在蛋面上，加盖即可。一般春秋季经 30~40d，夏季 20~30d，冬季 45~60d，即可腌好。

(三) 盐水浸泡法

盐水配制：按每千克食盐加 4kg 水的比例配制。先将食盐放入容器内，然后冲入开水溶化，冷却后备用。

浸泡腌制：将选好的鲜蛋放入缸内，上面别上竹篾子，然后徐徐倒入冷盐水（20℃左右），全部淹没蛋面，加上缸盖，一般经 15~20d 即可腌好。

(四) 白酒浸腌法

鲜蛋 2.5kg，高度白酒 0.5kg，细盐 0.5kg。先将蛋在白酒中浸蘸一下，再滚粘上细盐，平放于坛中，最后把剩余的细盐撒在蛋面上，加盖封严，经 30~40d 即可腌好。

咸蛋产品特点：质量好的咸蛋，蛋壳完整，没有裂纹，蛋壳清洁。煮熟的咸蛋气室较小，蛋白纯白色，无斑点，具有软而嫩的组织状态。蛋黄呈红黄色，具有松、沙、油口感。咸味适中，没有异味。

三、糟蛋

糟蛋是新鲜鸡蛋用优质糯米糟制而成，是我国别具一格的传统特产食品，以浙江羊湖糟蛋和四川宜宾糟蛋最为著名。

(一) 配料标准

按鲜鸡蛋 120 枚计算，需用优质糯米 50kg（熟糯米饭 75kg），食盐 1.5kg，甜酒药 200g，白酒药 100g。

(二) 加工方法

选用米粒饱满、颜色洁白、无异味、杂质少的糯米。先将糯米进行淘洗，放在缸内用清水浸泡 24h。将浸好的糯米捞出后，用清水冲洗干净，倒入蒸桶内摊平。锅内加水烧开后，放入锅内蒸煮，等到蒸汽从米层上升时再加桶盖。蒸 10min，用小竹帚在饭面上洒一次热水，使米饭蒸胀均匀。再加盖蒸 15min，使饭熟透。然后将蒸桶放到淋饭架上，用清水冲淋 2~3min，使米饭温度降至 30℃左右。

淋水后的米饭，沥去水分，倒入缸内，加上甜酒药和白酒药，充分搅拌均匀，拍平米面，并在中间挖一个上大下小的圆洞（上面直径约30cm）。缸口用清洁干燥的草盖盖好，缸外包上保温用的草席。经过22~30h，洞内酒汁有3~4cm深时，可除去保温草席，每隔6h把酒汁用小勺舀泼在糟面上，使其充分酿制。经过7d后，将酒糟拌和均匀，静置14d即酿制成熟可供糟蛋使用。

选用质量合格的新鲜鸡蛋，洗净、晾干。手持竹片（长13cm、宽3cm、厚0.7cm），对准蛋的纵侧从大头部分轻击两下，在小头再击一次，要使蛋壳略有裂痕，而蛋壳膜不能破裂。

糟蛋用的坛子事先进行清洗消毒。装蛋时，先在坛底铺一层酒糟，将击破的蛋大头向上排放，蛋与蛋之间不能太紧，加入第二层糟，摆上第二层蛋，逐层装完，最上面平铺一层酒糟，并撒上食盐。一般每坛装蛋120枚。然后，用牛皮纸将坛口密封，再盖上竹箬，用绳索扎紧，入库存放。一般每四坛一叠，坛口垫上三丁纸，最上层坛口垫纸后压上方砖。一般经过5个月左右时间，即可糟制成。

(三) 产品特点

成熟好的糟蛋，蛋壳薄软、自然脱落。蛋白呈乳白色嫩软的胶冻状，蛋黄呈橘红色半凝固状。糟蛋为冷食产品，不必烹调加佐料，划破蛋壳膜即可食用，味道醇香可口，食后余味绵绵。

四、五香茶蛋

(一) 配料标准

鸡蛋10枚，食盐100g，茶叶100g，酱油400g，桂皮100g，大茴香25g，水5kg。

(二) 加工方法

将食盐、茶叶、酱油、桂皮、大茴香放在锅内，加水放蛋，加热煮制。煮沸5min左右，用漏勺将蛋捞出。轻轻击破蛋壳，重新放回锅中，用小火继续煮制，经过30~60min，便可制成风味别致、香气浓郁的五香茶蛋。

第十四章
蛋鸡场生产与经营管理

第一节　蛋鸡场生产管理

一、蛋鸡场的计划管理

蛋鸡场的计划管理是通过合理地制定和执行计划来实现，它包括阶段性计划、年度计划、长期计划，此三者构成一个完整的计划体系，相互联系，互相补充，各自发挥本身作用。

阶段计划。按月编制，把每一个月的重点工作统筹安排组织下达，尽量做到突出重点的工作。

年度计划。作为养鸡场应该在上年第四季度编制出下年的生产计划以便在生产中有奋斗目标，做到计划生产、减少盲目性，它主要包括产量计划、鸡只周转、饲料计划、财务收支计划、产品生产计划等。

长期计划。总体上规划出鸡场几年的发展目标，经营的内容，以及实现的目标，采取什么样的措施、达到的预期效果。

二、蛋鸡场信息化管理

通过信息采集设备系统将饲养环境的各项指标收集，以及输入饲养管理的方式方法将收集到的信息进行汇总的同时，将生产信息（包括鸡蛋的总量、蛋品质量、鸡的生产性能和死亡淘汰率、鸡的耗料量等）进行收集处理，然后将条件信息和生产信息处理，将控制信息反馈给条件信息，对环境条件和饲养管理方式进行调整，使蛋鸡场的经济效益达到最大化。

三、蛋鸡场的卫生防疫管理

卫生防疫管理制度包括蛋鸡场工作人员职则、防疫检疫制度、消毒制度、卫生管理制度、门卫制度等。所有制度上墙，执行良好。

（一）工作人员职责

服从组织领导，爱岗敬业，热爱集体，尽职尽责。

分工明确、责任到人、奖罚分明。

按时上下班，有事必须请假，不得随意脱岗，值班期间不准留在宿舍。

做好场内人员的进出消毒及其他相关的监督工作。

严格负责进出入人员及车辆的消毒、登记检查及其他工作。

端正服务态度，礼貌用语，树立良好的精神风貌。

按时更换消毒池内的消毒药（生石灰、烧碱等），并搞好门房区域卫生，场内的白大褂、胶鞋及其他用具每周清洗消毒一次。

做好上传下达、防火、防盗等工作，并配合乡镇畜牧兽医工作站人员搞好场区内的防疫检疫工作。

凡从外地调入或购进的鸡，检疫证件必须齐全（产地检疫、出县境动物运输检疫合格证明、车辆运输消毒证明、免疫证），经检验健康的准于进入场区饲养。

要严格按照《中华人民共和国动物防疫法》《中华人民共和国畜牧法》，以及农业部《动物检疫管理办法》的有关规定，做好防疫、检疫工作。

积极配合各部门做好场区鸡的安全管理工作。

建立数据库，并妥善保管。

原始记录：即每天的各种生产记录和定额完成情况等（包括各龄鸡的数量变动和生产情况、饲料消耗情况等情况）。

建立档案：包括场内引进鸡时的动物检疫合格证明、饲料、饲料添加剂使用、兽药购买记录、饲料投喂记录、免疫记录、疾病诊疗记录、防疫监测记录、无害化处理记录。

严格制定饲料配方，应根据鸡的不同品种、生长阶段情况制定，配方不得对外泄露。

（二）防疫检疫工作制度

贯彻"防重于治，防治结合"实行统一防疫，即统一防疫时间、统一疫苗供应，由专职技术人员统一进行消毒。按时做好疫苗的免疫接种工作，并根据本部门的要求抓好因病设防和鸡舍的消毒工作。

免疫接种期间，饲养员要做好鸡舍清扫工作、积极协助防疫人员做好鸡的免疫及其他辅助工作。

指定专人做好免疫期间免疫档案的登记工作，并保管好免疫档案。

免疫接种前要用统一的消毒药对鸡舍、用具、鸡群进行一次全面彻底的消毒。

凡从外地调入或购进的鸡，检疫证件必须齐全（产地检疫、出县境动物运输检疫合格证明、车辆运输消毒证明、免疫证），经检验健康的准于进入场区饲养。

要严格按照《中华人民共和国动物防疫法》《中华人民共和国畜牧法》，以及农业部《动物检疫管理办法》的有关规定，做好鸡群防疫、检疫工作。

(三) 消毒制度

修建消毒室，大门口和消毒室内均要设置消毒池，消毒室内还要安装紫外线灯。

大门口消毒池，呈长方型，消毒室内的消毒池以整个通道为宜。

每周清理和更换消毒池内的消毒药或消毒液。

凡进入鸡场的人员必须通过消毒室或消毒通道进行消毒，并在紫外线灯下照射 5min。

凡进入场区的车辆，除了对车轮进行消毒外，还要对车体进行喷雾消毒。

整个养殖场区严格实行"三统一"制度，即统一消毒药品，统一消毒方法，统一消毒时间，并做到消毒彻底，不留死角。

鸡舍的值班室每 3d 进行一次喷雾消毒，运动场、饲料库房，公共场地每周进行一次彻底的消毒。

(四) 门卫制度

必须认真遵守场内关于安全保卫工作制度，不得随意离岗，请假必须报负责人批准，确保场区有一个良好的治安环境。

主要责任范围：禁止社会闲散人员进入场区，禁止非生产人员进入生产区，遇到问题及时向场部汇报，并主动予以解决。

对场区一切资产安全负责，杜绝无任何手续将场内东西拿出场外。

搞好消毒池、消毒房卫生及消毒工作。

对外来人员进出场区的要求。

外来人员进入场区，必须提前预约，并经签字登记后，按规定程序穿好白大褂和胶鞋，同时在紫外线灯光下消毒 5min，方可进入。

外来观摩检查工作的人员进入养殖场区必须在值班人员带领下，按指定的路线进行参观。

未经同意任何单位和个人，以及车辆不准进入场区，否则将按有关规定进行处理。

外来参观学习的团体和个人进入养殖小区后，要严格遵守小区的各项规章制度，不准随意走动或拍照。

（五）卫生管理制度

保持生活区、生产区的环境卫生，清楚一切杂草、树叶、羽毛、粪便、污染的垫料、包装物、生活垃圾等，定点设立垃圾桶并及时清理。生活区和生产区彻底分开，达到现代养殖的相关卫生标准要求。

保持饲养人员个人卫生，每个饲养员至少有 3 身可供换洗的工作服，坚持每 1～2d 洗一次澡，保持工作服整洁。

保持餐厅、厕所卫生，定期冲刷、擦洗，做好无油污、无烟渍、无异味。养殖期间杜绝食用外来禽类产品（禽肉、禽蛋），养殖过程中禁止食用本场的病死家禽。

保持道路卫生，不定期清扫，定期消毒。有条件的养殖场可以将净道和污道水泥硬化，便于交通运输、便于内部人员日常操作、便于冲刷消毒。

消毒池的管理，保持进入生活区、生产区大门的消毒池内干净，池内无漂浮污物、死亡的小动物和生活垃圾，定期（5～7d）更换消毒液，特殊情况可以随时更换，最常见的消毒是 3～5% 的氢氧化钠水溶液，即火碱水。

要求鸡场配备兽医室、剖检室、焚尸炉，能对病死的鸡剖检、鸡病的诊断和病鸡、病料的无害化处理提供条件和方便。

养殖所用饲料要保持新鲜和干净，饲料场、散装料罐、养殖场、散装料仓，都要避免人为的接触和污染。在鸡群发病时期特别要注意剩料的处理。

（六）负责人职责

全面贯彻执行场部的工作部署，落实好下达的工作任务。

结合本场实际情况做好远期规划和近期工作的安排。

负责抓好场内的各项安全工作，做到防微杜渐、未雨绸缪。

严格财务制度，管好、用好储备资金。

严格执行场部的各项规则制度，实行科学管理，提高经济效益。

依据年度计划，协调指挥组织生产，确保各生产环节正常运转，如期完成任务。

随时督查岗位人员的工作情况，立见立促立改。

（七）仓库管理人员岗位职责

严格遵守工作纪律，不得擅自离岗。

保管员负责饲料、药物等的保存发放。

物资入库时要计量、验收，进出库时要办理手续，且必须有场内指定人员在出入库单据上签字后方可进行。

所有物资要分门别类地堆放，做到整齐有序、安全、稳固，经常检查库存饲料，防止发霉变质、虫蛀，否则后果自负。

必须做到日清、月结、季清点、年终全面盘点核实，如账物不符的，要马上查明原因，分清职责，若失职造成损失要追究其责任。

协助场区负责人及其他管理人员工作。

协助生产管理人员做好药物保管、发放工作。

(八) 饲养员岗位职责

以场为家，热爱本职工作，认真做好鸡群的饲养工作。

严格执行场内饲养管理制度，鸡群按用途、品种、生产阶段分群饲养，按规定定时定量喂鸡、及时清理鸡舍，搞好环境卫生及消毒工作。

随时观察鸡群采食、饮水、粪尿、精神状态等，发现问题及时上报处理。若发现问题不及时上报或隐瞒不报者，一次扣除奖励工资 20 元，三次以上扣除当月奖励工资。

设备要经常检修、料槽、饮水器等易损物品及时更换。

饲料加工要认真负责，充分搅拌、混合均匀，不能混有异物。同时注意饮水卫生，避免有毒物质混进水槽。

四、档案管理

场内引进鸡时的动物检疫合格证明，并完整记录品种、来源、数量、时间、日龄等情况（表 14 -1）。

饲料、饲料添加剂使用：名称、购买时间、数量、生产厂家、批号、销售单位、用途、贮藏地点（表 14 -2）。

兽药购买记录：名称、购买时间、数量、生产厂家、批号、销售单位、用途、贮藏地点（表 14 -3）。

饲料投喂记录：圈舍号、投喂时间、鸡数量、饲料名称、用量、饲养员签名（表 14 -4）。

免疫记录：圈舍号、免疫时间、疫苗名称、批号、生产厂家、免疫只数、用法用量、技术员签名（表 14 -5）。

疾病诊疗记录：圈舍号、时间、体温、症状、治疗方案等（表 14 -6）。

防疫监测记录：采样日期、圈舍号、采样数量、监测项目、监测单位等内容（表 14 -7）。

无害化处理记录：死亡数量、鸡舍号、发病时间、症状、治疗情况、死亡时间、处理方式等内容（表14 –8）。

总之，每批鸡的生经营，鸡场管理记录要完整。

表14 – 1　鸡引进记录

养殖单位名称：　　　　　　　　　　　　　　　　　　　　法人代表：

鸡品种	圈　号	数　量	来源地及单位	进场日期	日　期	检疫情况	备　注

表14 – 2　饲料、饲料添加剂购买记录

养殖单位名称：　　　　　　　　　　　　　　　　　　　　法人代表：

名　称	购买时间	数量	生产厂家	批　号	销售单位	用　途	贮藏地点

表14 – 3　兽药购买记录

养殖单位名称：　　　　　　　　　　　　　　　　　　　　法人代表：

名　称	购买时间	数量	生产厂家	批　号	销售单位	用　途	贮藏地点

表14－4　饲料投喂记录

养殖单位名称：　　　　　　　　　　　　　　　　　　　法人代表：

圈　号	时　间	鸡数量	饲料名称	用　量	饲养员签名	备　注

表14－5　免疫记录表

养殖单位名称：　　　　　　　　　　　　　　　　　　　法人代表：

圈号	免疫时间	疫苗名称	疫苗批号	生产厂家	免疫只数	用法用量	技术员签名

表14－6　疾病诊疗记录

养殖单位名称：　　　　　　　　　　　　　　　　　　　法人代表：

圈舍号	时　间	体　温	症　状	治疗方案	兽　医	备　注

表 14 - 7　防疫监测记录

养殖单位名称：　　　　　　　　　　　　　　　　　　　　　法人代表：

采样日期	圈舍号	采样数量	监测项目	监测单位	监测结果	处理情况

表 14 - 8　无害化处理记录

养殖单位名称：　　　　　　　　　　　　　　　　　　　　　法人代表：

数量	鸡舍号	发病时间	症状	治疗情况	死亡时间	处理方式	执行人及见证人

第二节　蛋鸡场的经营管理

　　经营管理是养鸡生产的重要组成部分，经营在专业鸡场是指力争最有效地利用当地的地理条件，自然资源和各种生产要素，合理地组织养鸡经济活动，从而获得较好的经济效益。管理是指对养鸡本身及相关的人、财、物方面的管辖治理。

　　经营和管理也有一定的区别，经营偏重于鸡场外部条件的协调；管理偏重于鸡场内部资源（人、财、物）的有效组织与合理利用。经营的主要任务在于决策，从而使鸡场生产适应市场需求，而管理的使命在于对鸡场进行有效地组织和指挥，是为实现经营目标服务的。

一、经营管理的主要内容

经营管理的具体内容可归纳为 5 个方面：供销管理、生产管理、行政管理（如对人的管理、规章制度等）、技术管理、财务管理。现将鸡场经营管理的具体内容分为 5 个方面作介绍。

(一) 市场信息预测

为了经营管理好鸡场，必须首先了解市场信息，以便作出正确的经营决策，只有掌握了市场信息，才能正确确定经营方向，鸡场规模、饲养方式，否则就会造成产品生产与市场需求脱节的状况，即产品不能适销对路，卖不出去，那就要亏本了。

(二) 投产前的经营决策

即对建场方针、奋斗目标以及相应的采取哪些技术措施等作出选择和决定，它包括确定经营方向，生产规模，鸡舍建筑，饲养方式等。

(三) 编制产品销售计划

为保证产品畅销，必须瞄准市场，开展市场调查掌握市场产品价格需求等方面的规律。盲目生产，会导致产品积压或供不应求，应提前同有关单位订好销售合同，从而"以销定产"、"扩销促产"。

(四) 编制财务收支计划

包括产量、鸡群周转、饲料、财务支出及收入等。

(五) 经济核算

鸡场经过一段时间（月、季度、年）生产后，应进行生产小结或总结，通过经济核算来检查生产计划和财务收支计划的执行情况。分析总结的基础上得出经验教训，改善生产和经营管理状况，提高经济效益。

俗话讲："三分生产技术，七分经营管理"，可见只有搞好经营管理才能适应市场需要，充分发挥生产技术潜力，达到"人尽其才，物尽其用，鸡进其能"，取得事半功倍之效。

二、蛋鸡场经营管理组织机构

蛋鸡场的经营管理组织机构包括鸡场领导和鸡场职能部门（鸡场办公室、生产技术部门、经营管理部、人事管理部、后勤部和资产装备部）。

三、考核利润指标

产值利润及产值利用率：

产值利用率（％）＝生产产值－可变成本－固定成本余额

产值利用率（％）＝销售总额/产品产值×100

销售利润及销售利润率：

销售利润＝销售收入－生产成本－销售费用－税金

销售利润率（％）＝销售利润/营业收入×100

营业利润及营业利润率：

营业利润＝销售利润－推销费用－推销管理费

企业的推销费用包括接待费，推销人员工资及差旅费，广告宣传费等。

营业利润率（％）＝营业利润/产品收入×100

经营利润及经营利润率：

经营利润＝销售利润±营业外损益

经营利润率（％）＝经营利润/产品销售收入×100

第十五章
鸡场废弃物的科学处理与环境保护

近几年来，随着养殖业的快速发展，特别是规模化、集约化养殖场和养殖小区的不断增加，养殖业污染愈加严重，对环境和人民身体健康造成很大影响。据统计，农业源污染中，比较突出的是畜禽养殖业污染问题。畜禽养殖业快速发展带来的废弃物和污水排放量剧增，已成为农村三大面源污染之一，养殖业的污染治理已成为一个社会问题，也成为制约畜牧业可持续发展的关键所在。鸡场废弃物主要包括鸡粪、死鸡、污水和孵化场的蛋壳、无精蛋、死胎、毛蛋及弱死雏鸡等。

一、鸡场废弃物的危害

(一) 污染空气

鸡场的空气污染主要来源于粪便。鸡粪中的 NH_3（氨）、H_2S（硫化氢）、NO_2（二氧化氮）、CO_2（二氧化碳）、CH_4（甲烷）等有害气体会在鸡舍蓄积，尤其到了夏季，不仅会影响鸡的生长发育，诱发呼吸道疾病，也会影响工作人员的身心健康。同时有的养殖场离居民区较近，由于恶臭污染问题，导致与周围群众关系十分紧张，有的甚至引发社会矛盾。

(二) 传播病菌，危害人畜健康

鸡生产的废弃物如果得不到合理的处置，会造成环境中微生物的污染。例：死鸡会孳生许多微生物，直接对生产场的健康鸡和员工形成威胁；鸡粪中含有大量的寄生虫、虫卵、病原菌、病毒等，会孳生蚊蝇，传播病菌，尤其是人畜共患病时，若不妥善处理，可能引起疫情的发生，进而危害人畜健康。

(三) 污染水体和土壤

鸡粪及污水中含有大量氮、磷化合物，其污染负荷很高。实际生产中90%以上的养殖场没有污水治理设施。鸡场废弃物被随意排入水体或随意堆放；畜禽废弃物中氮、磷的流失。畜禽排泄物中还带有生产中大量使用的促长剂——金属化合物，以及细菌、病毒及其他微生物等，它们进入水源和土壤，将会污染地下水系，亦会对人畜造成危害。严重时，还会出现水体发黑、变臭，造成持久性的有机污染，使原有水体丧失使用功能，极难治理和恢复。

(四) 危害农田生态

高浓度的畜禽养殖污水长期用于灌溉，会使作物陡长、倒伏、晚熟或不熟，造成减产，甚至导致作物大面积腐烂。此外，高浓度污水可导致土壤孔隙堵塞，造成土壤透气、透水性下降及板结，严重影响土壤质量。

二、废弃物的科学处理方法

目前在确保养鸡业发展的同时，推广绿色环保养殖，加强鸡场废弃物的无害化处理，减少生产对环境的污染。目前已经有许多成熟的废弃物处理方法，现介绍如下。

(一) 粪便

粪便是鸡场主要的废弃物。鸡的消化道较短，饲料在消化道内停留时间短，消化吸收率较低，鸡饲料中的养分大概只有 1/3 左右被吸收了，而其余的都被排出体外，因此，鸡粪中含有许多未被消化吸收的营养物质。据报道，鸡粪含粗蛋白约 28%、纯蛋白 13%，总氨基酸 8%，且各种氨基酸比较平衡；此外，还含有丰富的 B 族维生素和多种微量元素。鸡粪的充分利用可以带来较好的经济效益、生态效益和社会效益。

1. 用作肥料

（1）鸡粪的直接施用或简单的堆积。直接将新鲜鸡粪清出来，待晒干后将鸡粪运往农田施用，作为果树、花木和粮食作物的底肥；也可将新鲜鸡粪自然堆积，堆肥是最常见的一种处理方式。经过 4～6 周堆积发酵（需氧）后的鸡粪，可制成高档优质有机肥料；然后运往农田施用。堆肥的主要缺点在于，堆积过程中由于 NH_3 氨挥发导致氮损失，同时加重了空气和水体的污染。过度使用这种肥料会造成土壤、水体富集营养，地表水的硝酸盐超标。

（2）有机肥料生产。有机肥是指采用畜禽粪便为主要原料，经过微生物复合菌剂发酵，利用生物化工工艺和微生物技术，彻底杀灭微生物、寄生虫卵，消除恶臭，利用微生物分解有机物，将大分子物质变为小分子物质，然后达到除臭、脱水、干燥的目的，制成有优良性状的，碳氮适中的，肥效优异的有机肥。

2. 用作饲料

鸡粪是廉价的低能蛋白饲料，用鸡粪可代替部分蛋白料。鸡粪经过预处理如青贮、干燥、发酵、热喷、膨化、添加化学物质等，可以加工成饲料。在加工的过程中也可添加一些其他物质（如能量饲料），一方面可以提高营养价值，另一方面可以提高适口性。利用鸡粪可以饲喂鱼、猪、羊等，这样既充分利用了资源，又提高了经济效益。

3. 用作能源

粪便可用来生产沼气。沼气处理是利用厌氧微生物的作用，将鸡粪通过厌氧发酵等处理后，生成甲烷，可以为生产或生活提供清洁能源。常见的是将鸡粪和草或秸秆按一定比例混合进行发酵，或与其他家畜的粪便（如猪粪）混合，同时发酵后产生的废液和废渣是很好的肥料。另外，无论是风干样还是湿样均可进行燃烧，产生的热能可进行发电。因此，以大型鸡场产生的高浓度有机废水和有机含量高的废弃物为原料，建立沼气发酵工程，得到清洁能源，发酵残留物还可多级利用，可以大大改善生态环境，是未来的发展趋势。

(二) 污水

鸡场的污水主要来源于冲洗鸡舍的废水，如果任其流淌，会臭味四散，污染环境和地下水。鸡场污水处理的基本方法有物理处理法、化学处理法和生物处理法，实践中常结合起来做系统处理。如把鸡场污水汇集到沉淀池中，经过沉淀后将沉淀的鸡粪用作肥料施入农田，将污水排除到生物氧化沟处理后，在排入鱼塘。

(三) 死鸡及其他

所有病死鸡均采用深埋或焚烧的方式进行无害化处理。对于孵化场的废弃物经过无害化处理也可以加以利用，无精蛋、死胎、毛蛋、死鸡处理后可以作为动物饲料添加；蛋壳处理后制成蛋壳粉可作为钙饲料，也可加工成肥料。

三、鸡场废弃物减排饲养

(一) 发展绿色环保饲料

畜禽排泄物中的营养元素主要来自饲料，通过营养学技术，提高畜禽的饲料转化效率，减少排污（粪尿），已成为当前饲养学及营养学研究的一个热点。通过在日粮中添加必需氨基酸，如赖氨酸、蛋氨酸、色氨酸等，降低日粮蛋白质，在不影响生长发育和生产的前提下，能使氮的排量显著减少。此外，抗生素、益生素、单细胞蛋白和酵母、有机铬等在减少畜禽营养物质浪费方面也有一定作用。

(二) 添加环保添加剂

在鸡饲料中添加饲用酶制剂和微生态制剂，酶制剂通过补充动物体内消化酶的分泌不足或提供动物体内不存在的酶而提高了饲料的消化率。在饲料中添加植酸酶，可水解植酸磷，释放出无机磷盐为动物吸收利用，从而降低动物排泄中磷的含量。微生态制剂能直接参与含氮物质的代谢，进而影响矿物元素的代谢，减轻矿物元素对环境的污染，特别是对减轻畜禽粪便氮、磷污染物量有显著作用，并且还有提高饲料采食量和转化率，清除粪便臭味等多种功能。

(三) 生产的规范管理

由于畜禽废弃物会对环境造成严重污染，因此国家将畜禽污染的管理，作为环境保护的重要内容，制定法律、法规，严加控制管理。作为养殖行业人员，应该自觉遵守有关规定，保护环境，促进可持续发展。

1. 合理布局

在布局上，要充分考虑当地的自然条件和社会条件，严禁在人口密集地区、饮用源地等发展养鸡。一般要距离居民区和工业区 1km 以上，并处于居民区的下风向和工厂的上风向，防止对周围环境的污染和居民区、工业区对养鸡场的影响。为了保证养鸡场周围环境的安全、卫生，在建设养鸡场时，一般都要设置隔离带或绿化带，同时鸡场内部的布局要合理。

2. 规范管理

在政策管理上，贯彻落实《畜禽规模养殖污染防治条例》《畜禽养殖污染防治管理办法》《畜禽养殖业污染防治技术规范》。加强宣传工作，讲清"谁污染、谁治理"的道理，促使治理主体逐渐由环保部门转向养殖户，让养殖户真正明白保护环境的重要性和紧迫性，认清环境保护的重大意义，树立科学、长远的发展理念，引导农民主动投入到污染治理中，使人人都负起一份环境责任，让农村畜禽养殖业逐渐步入可持续发展轨道。

同时加大治理设施建设，保证治理设施持续运转，对养殖场（区）的污水处理设施、粪便堆存场地和处理设施、死鸡处置设施的建设、运行等情况进行全面检查和监测，对不正常运转的治理设施、超标排污、不遵守排污许可证规定、造成环境污染事故，要予以重点查处，严格控制鸡场污染物的排放；同时强化环境保护的监督管理，提高养殖业的环保意识。

养殖场自身要将鸡生产与环境保护结合起来，规范的选址、场区布局与清粪工艺、畜禽粪便贮存、污水处理、固体粪肥的处理利用、饲料和饲养管理、病死鸡处理与处置、污染物监测等污染防治的基本技术要求，废物的排放均应达标。新建的鸡场应由政府及环保部门对其粪便污染耗氧量及氨氮排放量进行检测与计算，为养鸡场周围环境做出评估，排放的污物不得超过国家或地方标准。对于小型生产场，应建设投资较小的化粪池、发酵池或尝试种养结合。

蛋鸡养殖场标准化示范创建的简要介绍

发展标准化养鸡是转变畜牧业发展方式的主要抓手，是新形势下加快畜牧业转型升级的重大举措。农业部从 2010 年在全国范围内实施了畜禽养殖标准化示范创建活动，将其作为推进传统畜牧业转型升级、加快现代畜牧业建设的一项重点工作。标准化示范场建设要求达到畜禽良种化、养殖设施化、生产规范化、防疫制度化、粪污无害化。

一、基本要求

参与创建的规模化养鸡场生产经营活动必须遵守畜牧法、动物防疫法等相关法律法规，具备养鸡场备案登记手续和动物防疫条件合格证，养殖档案完整，两年内无重大动物疫病发生，且无非法添加物使用记录；种畜禽场须具备《种畜禽生产经营许可证》。

蛋鸡：产蛋鸡养殖规模（笼位）在 1 万只以上。

二、示范创建内容

养鸡场标准化创建的主要内容如下。

良种化。因地制宜，选用优质高效良种鸡，品种来源清楚、检疫合格。

设施化。养鸡场选址布局科学合理，鸡舍、饲养和环境控制等产生设施满足标准化生产需要。

生产规范化。制定并实施科学规范的蛋鸡饲养管理规程，配备与饲料规模相适应的畜牧兽医技术人员，严格遵守饲料、饲料添加剂和兽药使用有关规定，生产过程实行信息化动态管理。

防疫制度化。防疫设施完善，防疫制度健全，科学实施疫病综合防控措施，对病死鸡实施无害化处理。

粪污处理无害化。粪污方法得当，设施齐全且运转正常，实现粪污资源化利用或达到相关排放标准。

现列举宁夏回族自治区蛋鸡标准化示范场验收评分标准表 16 - 1，供读者参考。

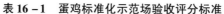

表 16－1　蛋鸡标准化示范场验收评分标准

申请验收单位：　　　　　　　　　验收时间：　　年　　月　　日

必备条件（任一项不符合不得验收）	1. 场址不得位于《畜牧法》明令禁止的区域 2. 饲养的蛋鸡有引种证明，并附有引种场的《种畜禽生产经营许可证》，养殖场有《动物防疫条件合格证》 3. 两年内无重大动物疫病发生，无非法添加物使用记录 4. 建立养殖档案 5. 产蛋鸡养殖规模（笼位）在1万只以上（含1万只）	可以验收 不予验收		
验收项目	考核内容	考核具体内容及评分标准	满分	得分	扣分原因
一、选址与布局（18分）	（一）选址（4分）	距离主要交通干线和居民区500m以上且与其他家禽养殖场及屠宰场距离1km以上，得1分；符合用地规划得1分	2		
		地势高燥得1分；通风良好得1分	2		
	（二）基础设施（6分）	水源稳定，得1分；有贮存、净化设施，得1分	2		
		电力供应充足有保障，得2分	2		
		交通便利，有专用车道直通到场得2分	2		
	（三）场区布局（8分）	场区有防疫隔离带，得2分	2		
		场区内生活区、生产区、办公区、粪污处理区分开得3分，部分分开得1分	3		
		全部采用按栋全进全出饲养模式，得3分	3		

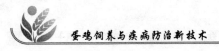

（续表）

验收项目	考核内容	考核具体内容及评分标准	满分	得分	扣分原因
二、设施与设备（30分）	（一）鸡舍（4分）	鸡舍为全封闭式，分后备鸡舍和产蛋鸡舍得4分，半封闭式得3分，开放式得1分，简易鸡舍不得分	4		
	（二）饲养密度（2分）	笼养产蛋鸡饲养密度≥500cm²/只，得2分；380cm²/只≤产蛋鸡饲养密度＜500cm²/只，得1分，低于380cm²/只，不得分	2		
	（三）消毒设施（4分）	场区门口有消毒池，得2分，没有不得分	2		
		有专用消毒设备，得2分	2		
	（四）养殖设备（14分）	有专用笼具，得2分	2		
		有风机和湿帘通风降温设备，得5分，仅用电扇作为通风降温设备，得2分	5		
		有自动饮水系统，得3分	3		
		有自动清粪系统，得2分	2		
		有自动光照控制系统，得2分	2		
	（五）辅助设施（6分）	有更衣消毒室，得2分	2		
		有兽医室，得2分	2		
		有专用蛋库，得2分	2		

（续表）

验收项目	考核内容	考核具体内容及评分标准	满分	得分	扣分原因
三、管理及防疫（26分）	（一）管理制度（4分）	有生产管理制度、投入品使用管理制度，制度上墙，执行良好，得2分	2		
		有防疫消毒制度并上墙，执行良好，得2分	2		
	（二）操作规程（4分）	有科学的饲养管理操作规程，执行良好，得2分	2		
		制定了科学合理的免疫程序，执行良好，得2分	2		
	（三）档案管理（16分）	有进鸡时的动物检疫合格证明，并记录品种、来源、数量、日龄等情况，记录完整得3分，不完整适当扣分	3		
		有完整生产记录，包括日产蛋、日死淘、日饲料消耗及温湿度等环境条件记录，记录完整得4分，不完整适当扣分	4		
		有饲料、兽药使用记录，包括使用对象、使用时间和用量记录，记录完整得3分，不完整适当扣分	3		
		有完整的免疫、用药、抗体监测及病死鸡剖检记录，记录完整得3分，不完整适当扣分	3		
		有两年内（建场低于两年，则为建场以来）每批鸡的生产管理档案，记录完整得3分，不完整适当扣分	3		
	（四）专业技术人员（2分）	有一名或一名以上畜牧兽医专业技术人员，得2分	2		

（续表）

验收项目	考核内容	考核具体内容及评分标准	满分	得分	扣分原因
四、环保要求（14分）	（一）粪污处理（6分）	有固定的鸡粪储存、堆放设施和场所，储存场所有防雨、防止粪液渗漏、溢流措施。满分为2分，有不足之处适当扣分	2		
		有鸡粪发酵或其他处理设施，或采用农牧结合良性循环措施。满分为2分，有不足之处适当扣分	2		
		对鸡场废弃物处理整体状态的总体评分，满分为2分，有不足之处适当扣分	2		
	（二）病死鸡无害化处理（5分）	所有病死鸡均采取深埋、煮沸或焚烧的方式进行无害化处理，满分3分，有不足之处适当扣分	3		
		有病死鸡无害化处理使用记录的，得2分	2		
	（三）净道和污道（3分）	净道、污道严格分开，得3分；有净道、污道，但没有完全分开，适当扣分，不区分净道和污道者不得分	3		

（续表）

验收项目	考核内容	考核具体内容及评分标准	满分	得分	扣分原因
五、生产性能水平（12分）	（一）产蛋率（4分）	饲养日产蛋率≥90%维持4周以下，不得分；饲养日产蛋率≥90%维持4~8周，得1分；饲养日产蛋率≥90%维持8~12周，得2分；饲养日产蛋率≥90%维持12~16周，得3分；饲养日产蛋率≥90%维持16周以上，得4分	4		
	（二）饲料转化率（4分）	产蛋期料蛋比≥2.8∶1，不得分；2.6∶1≤产蛋期料蛋比<2.8∶1，得1分；2.4∶1≤产蛋期料蛋比<2.6∶1，得2分；2.2∶1≤产蛋期料蛋比<2.4∶1，得3分；产蛋期料蛋比<2.2∶1，得4分	4		
	（三）死淘率（4分）	育雏育成期死淘率（鸡龄≤20周）≥10%，不得分；6%≤育雏育成期死淘率<10%，得1分；育雏育成期死淘率<6%，得2分	2		
		产蛋期月死淘率（鸡龄≥20周）≥1.5%，不得分；1.2%≤产蛋期月死淘率<1.5%，得1分；产蛋期月死淘率<1.2%，得2分	2		
总分			100		

验收专家签字：

第十七章
我国蛋鸡主推技术模式介绍

根据全国畜牧总站编写的《蛋鸡标准化养殖技术图册》对我国目前蛋鸡养殖模式的介绍，适合我国生产情况的主推技术模式有3种。

一、大规模自动化高效生产模式

该模式下所饲养的品种以海兰、罗曼、伊莎等进口品种或京红一号、京粉一号、农大三号等高产国产品种为主，场区规划布局合理，鸡舍为全封闭式，采用多层叠养，单栋饲养5万只以上，生产设备先进，基本实现自动化，生产效率较高。生产管理、养殖档案、防疫制度规范，将蛋品质量安全可追溯技术引入蛋鸡生产全过程，对上市产品做到质量可控。鸡粪处理在产中和产后实现集中有效处理，生产有机肥或沼气。

二、中小规模标准化蛋鸡饲养模式

该模式可概括为"153"蛋鸡标准化养殖模式，即一栋鸡舍饲养5 000只蛋鸡，并内部配套三机：水帘机、自动喂料机和自动清粪机。蛋鸡采用三层阶梯式笼养等方式，按栋全进全出制，室内光线完全人工控制，舍内温度保持相对恒定。在粪污无害化处理模式上，定期对鸡舍粪便进行清理，鸡粪直接生产有机肥或生产沼气。在生产组织上，部分采取合作社的形式，由协会组织带动发展生产。

三、生态养殖技术模式

鸡场在丘陵、山区等地选址建设，采用"多点式"生产方式，远离居民区。场内功能区规划合理，育雏育成鸡与产蛋鸡分区饲养，采用全场全进全出模式，生产自动化程度相对较低。饲养的蛋鸡品种大多含有地方品种血缘。鸡粪处理实现农牧结合，就近还田利用。

第十八章
10万只蛋鸡园区建设方案（参考模板）

为了加快农业结构战略性调整步伐，切实转变畜牧业生产方式，延伸产业链条，健全服务体系，做大做强鸡产业，促进鸡产业由数量增长型向安全效益型、传统生产向现代科学养殖转变，有效规避重大疫病风险，确保鸡产业持续、稳步、安全发展，现制定养鸡园区项目建设方案。

一、建设目标

新建10万只蛋鸡园区，完善园区水、电、路、绿化等基础设施，建成标准化鸡舍30栋；建设生产管理和技术服务区；配套完善门卫、消毒，病死鸡粪无害化处理、技术服务体系。园区建成后，年底蛋鸡存栏达到10万只。

二、建设地点

蛋鸡养殖园区位于××镇××村，依据当地主风向和防疫卫生的要求选择场区，厂址选择远离居民点，适于发展鸡产业。

三、项目建设规模及内容

(一) 建设任务和规模

以项目资金为依托启动，新建10万只养鸡园区，配套建设水、电、路、生态绿化隔离带和服务设施，建成鸡舍30栋，蛋鸡存栏规模10万只。

(二) 项目建设规划和布局

1. 总体布局

规划建设存栏10万只商品蛋鸡养殖园区，采用半封闭式笼养，人工操作，自行配合和加工饲料。总体布局依据当地主风向和防疫卫生的要求选择场区，其中，管理区和饲料加工区设在西南角，兽医防疫区设在东南角，其余为生产区。生产区与管理区、防疫区相距20m。

养鸡园区规划东西长230m，南北宽500m，总占地200亩（15亩＝1hm²，下同）。东西4排、南北10栋，共计40栋鸡舍，可饲养蛋鸡10万只。场区设置3条生产净道和2条污道，分别宽6m，外围营造生态隔离带。配套建设1个饲料加工和一个技术服务中心占地 10 亩。

2. 鸡舍布局

设计鸡舍坐北朝南，鸡舍高度在 3.5m，单栋鸡舍长 36m、宽 8.5m，建筑面积 306m²，可存栏蛋鸡 3 000 只。鸡舍南北、东西间距均为 50m。舍间空地全部进行绿化。

(三) 建设内容

1. 园区水、电、路、绿化等基础设施建设

流转平整土地 200 亩。

架设高低压线路 (高压____km，低压____km)，安装 100KVA 变压器 1 台。

铺设自来水管道 (主管道____km，支管道____km，入户分管道____km)。

硬化园区净道 3 条 3.5km，修建园区污道 2 条 2.5km。

养鸡园区外围造林。

2. 饲养设施建设

每栋标准化鸡舍 306m²，存栏 3 000 只鸡。园区共建设鸡舍 40 栋 12 300m²；配套蛋鸡笼 1 190 组，配套自动清粪设备 35 套，乳头饮水器 35 套。

园区建生产管理区一个，占地 10 亩，建大门一个 (配套一间门卫室、一间消毒室和一间洗浴更衣室)。

3. 技术服务体系建设

建设技术服务中心一处 (集管理、消毒、禽病诊疗、技术培训、信息服务为一体)。

建设饲料加工配送中心一处。

四、项目建设进度

××××年底，完成园区 40 栋鸡舍及基础设施、饲养设施、服务设施、绿化工程建设。

××××年××月～××××年××月，完成新建园区土地平整和土建部分基础工程。

××××年××月～××××年××月，完成 40 栋鸡舍建设和绿化工程建设。

××××年××月～××××年××月，全面完成各项后续服务设施建设及园区补栏工作。

五、资金概算及筹措

项目概算总投资 1 205 万元 (基础设施建设 905 万元，鸡苗引进及防疫费

300 万元）。

（一）水、电、路投资 50 万元

铺设自来水管道，需投资 4 万元。

建蓄水池 1 座，需投资 8.6 万元。

架设高低线路，需投资 5 万元。

安装 100KVA 变压器 1 台，需投资 3 万元。

配套电表箱 70 个，需投资 7 万元。

修建小区生产净道、污道，需投资 20 万元。

生态绿化亩，需投资 2 万元。

（二）鸡舍建设投资 698 万元

建设 40 栋鸡舍，需投资 643 万元。

购置养鸡设备需投资 55 万元。

（三）管理、技术服务投资 157 万元

建设示范区大门、门房及消毒室，需投资 36 万元。

建设生产管理区 1 个，需投资 15 万元。

建设技术服务中心一处，需投资 40 万元。

建设饲料加工配送中心一处，需投资 20 万元。

建设禽蛋收贮中心一处，需投资 15 万元。

建设鸡粪无害化处理厂一处，需投资 25 万元。

养殖户技术培训，需投资 6 万元。

（四）鸡苗、饲料及疾病防治费需投资 300 万元

六、效益分析

（一）经济效益

养鸡园区建成后，鸡存栏 10 万只，年产鸡蛋 380 万 kg，按正常年份鸡蛋及活鸡市场销售价格，可实现收入 3 000 万元，实现纯收入 400 万元。

（二）社会效益

通过生态养鸡园区建设，不仅可以促进鸡产业发展，而且可以带动农业及相关产业发展，将对原州区农村经济发展，农民增收起到积极推动作用。

（三）生态效益

建设养鸡示范园区，充分有效地利用了土地资源，将养殖业从密集的居民居住转移到园区，使养殖远离居民区、极大地改善了居民居住区的卫生环境，并减少了疫病传播机会，有效地保障了居民的身体健康，为居民生活品味的提升创造了条件。就养殖示范园区而言，绿化率达到70%以上，自身具有良好的生态环境。

七、保障措施

项目由镇政府统一组织实施。

(一) 加强领导，强化责任

为了使建设进度按步骤有条不紊地整体推进，成立养殖示范园区建设领导小组，共同协调解决示范园区建设过程中出现的各种矛盾和问题。

(二) 坚持标准，强化质量

为了确保建设质量，整个示范园区采取统一建设的方法，由政府招标，组织有资质的建筑单位投资建设。建设施工必须严格执行设计标准，按照设计要求从严把关。确保建成一个，投产一个。示范园区建设必须统筹兼顾，鸡舍建设要与基础设施和公共服务设施建设同步进行，解除群众的后顾之忧，为提高示范园区补栏率和利用率创造条件。

(三) 通力协作，强化管理

生态养鸡示范园区建设由政府牵头组织实施，相关业务部门积极争取项目扶持指导示范园区建设，各相关单位全力配合，同力协作，帮助支持示范园区的水、电、路及生态隔离带等附属设施建设。

一是协会企业管理，龙头带动。以专业协会或龙头企业直接参与经营管理为主要方向，充分调动现有家禽蛋流通公司及企业的积极性，引导企业与养殖户建立长期产销合作关系，实现生产分工细化、量化，有效降低养殖风险，提高抗御市场风险能力，达到效益保障的效果。

二是加强技术服务，实行全出全进制。示范园区设立一个生产技术服务中心，负责园区内6个生产小区的生产调控、疫病监测、技术服务、以及生活和运转协调工作。每个养鸡小区为一个独立生产单位，实行全出全进制。即在补栏时于一周内引进同场、同一品种鸡苗。同期内进行程序化免疫，出栏时在一周内全部出栏，然后进行彻底清理消毒，准备进行下一个生产期的工作。

三是严格人员、饲料、禽蛋、粪便进出制度。每个生产小区配套一个消毒洗浴间，一处生活区。每栋鸡舍配备一名专职饲养员，鸡舍内全部配套自动饮水、自动清粪、自动通风等现代化生产设施。饲养员进出小区进行彻底洗浴消毒、更衣，严禁饲养员互串鸡舍。饲料要集中配送，专车拉运排泻物及其他垃圾。禽蛋产品要用专车拉运到禽蛋收贮中心进行交易。

　　四是推行准入准养制。对进入示范园区养鸡的农户要推行准入准养制制度。即进入示范园区的养殖户必须达到下列条件：思想健康，服从示范园区和小区服务中心的管理，有一定的资金运转、经营能力和养鸡知识及经验，有较好的信誉度和较快的新事物接收能力。鸡舍补栏前要进行设施配套、消毒、清理及环境卫生检测检查，达标后方可准养。

　　五是实行标准化生产。示范园区的生产要严格按照无公害禽蛋产品标准进行组织生产，产品出售时要进行贴标。

　　六是强化监督管理。进入示范园区的养殖户应承担相应的管理费用和生态建设义务，直接参与监督示范园区和生产小区的经营及管理。

参 考 文 献

郝庆成 . 2008. 蛋鸡生产技术指南 ［M］. 北京：中国农业大学出版社 .

何生虎，杨春生，等 . 1995. 最新鸡病诊治 ［M］. 银川：宁夏人民教育出版社 .

康相涛，田亚东 . 2011. 蛋鸡健康高产养殖手册 ［M］. 郑州：河南科学技术出版社 .

杨柏萱，王日田 . 2014. 规模化蛋鸡场饲养管理 ［M］. 郑州：河南科学技术出版社 .

杨宁，杨军香 . 2012. 蛋鸡标准化养殖技术图册 ［M］. 北京：中国农业科学技术出版社 .

张学余 . 2014. 蛋鸡饲养关键技术 ［M］. 北京：中国农业出版社 .

周友明 . 2014. 规模化蛋鸡场生产与经营管理手册 ［M］. 北京：中国农业出版社 .